长江漫滩地面沉降监测与应用

——以南京河西地区为例

储征伟 岳建平 张涛 著

U0250064

WUHAN UNIVERSITY PRESS
武汉大学出版社

图书在版编目(CIP)数据

长江漫滩地面沉降监测与应用:以南京河西地区为例/储征伟,岳建平,张涛著 . —武汉:武汉大学出版社,2015.9
ISBN 978-7-307-16390-4

Ⅰ.长… Ⅱ.①储… ②岳… ③张… Ⅲ.长江—河漫滩—地面沉降—监测—南京市 Ⅳ.P931.1

中国版本图书馆 CIP 数据核字(2015)第 166678 号

责任编辑:李汉保 王金龙   责任校对:汪欣怡   版式设计:马 佳

出版发行:**武汉大学出版社** (430072 武昌 珞珈山)
 (电子邮件:cbs22@whu.edu.cn 网址:www.wdp.com.cn)
印刷:黄石市华光彩色印务有限公司
开本:787×1092 1/16 印张:11 字数:255 千字 插页:1
版次:2015 年 9 月第 1 版 2015 年 9 月第 1 次印刷
ISBN 978-7-307-16390-4 定价:30.00 元

前　言

近年来，随着大规模的工程建设，长江漫滩地面承受的荷载不断增加，大量抽取地下水导致地下水位变化明显，地面有明显下沉趋势。建筑物不均匀沉降、路面开裂等现象时有发生。长江漫滩地面沉降自产生以来，一直就是困扰该地区的环境地质灾害，已经对该地区人民生活和社会经济的可持续发展造成了严重影响。

不同于别的地区地面沉降，无论从沉降过程还是沉降形态特征上看，长江漫滩地面沉降都具有自身的特殊性。因此，针对长江漫滩这种地质条件，必须对其地面沉降状况进行动态监测，以期能及时发现地面沉降变化情况，并对可能发生的地面沉陷等地质灾害问题进行及时预测，为城市测绘部门的监测和管理工作提供指导依据以及为城市防灾、减灾部门提供决策依据，确保城市的可持续发展。

本书在总结长江漫滩地面沉降监控的发展过程、存在问题及发展趋势的基础上，结合长江漫滩沉降历史演变的特点，对长江漫滩沉降机理与特征进行了全面深入的研究，借助模型试验探讨了建筑荷载对漫滩地面沉降的影响，介绍了 SAR 监测技术及其在漫滩地面沉降监测中的应用，对地面沉降监控数学模型进行了深入的研究和分析，综合阐述了地面沉降控制技术，重点对地面沉降危害进行了分析与评估。书中介绍了一套长江漫滩地面沉降信息管理系统，该系统的先进性、实用性、可靠性、界面友好、便于操作和能够扩充等先进特征，可以为我国的城市建设提供科学决策依据和技术指导。

本书是作者及其科研团队多年来集体研究成果的总结。在课题的研究以及本书撰写的过程中，参阅了大量的参考文献，在此，对这些文献的作者表示衷心的感谢！

由于作者理论和技术水平有限，书中疏漏之处在所难免，恳请专家和读者不吝批评指正。

作　者

2014 年 6 月于南京

1

目　　录

第1章 绪 论

1.1 研究的目的与意义

长江三角洲位于我国沿海经济带与长江经济带的交汇处,背靠内陆,面向世界,是我国经济最为发达的地区之一,其城市化程度也较高。随着地区经济建设的快速发展,地下水资源的大量开发利用,开采程度和深度也逐步提高。近年来,以地面沉降为主要表现形式的地质灾害现象在该地区内不断发展,并且部分地区伴生地裂缝、岩溶塌陷等地质灾害问题,给长江三角洲地区的生产生活与防洪带来了严重的威胁,也给社会经济的可持续发展造成严重影响。

根据国务院 2010 年批准的《长江三角洲地区区域规划》,长江三角洲包括上海市、江苏省和浙江省,区域面积 21.07 万平方公里,占国土面积的 2.19%。其中陆地面积 18.68 万平方公里、水面面积 2.39 万平方公里,是我国经济最为发达,人口最为密集的地区之一。然而,本地区资源相对贫乏,土地的开发利用程度较高,因而引起了一系列的环境地质问题。在 20 世纪 20 年代初上海因开采地下水导致地面沉降,并于 20 世纪 50—60 年代造成严重的灾害,20 世纪 80 年代,江苏苏、锡、常地区、浙江杭嘉湖地区地面沉降日趋严重。20 世纪 70 年代以前,城市地区的纺织业发达,但能源紧缺,故大量开采地下水用于纺织厂的空调降温,导致严重的城市地区地面沉降。20 世纪 80 年代以来,随着改革开放城市周边的乡镇企业兴起,不仅其本身大量开采利用地下水,并且对污染防治普遍重视不够,引起长江三角洲地下水网受到污染,地区地表水质量普遍下降,使得整个区域成为水质型缺水地区,加剧了广大农村地区居民用水困难,促使地下水的开采量急剧增加,产生区域性的水位降落漏斗,由此诱发的地面沉降已成为以城市为中心的区域性地质灾害。至 20 世纪 90 年代末,有面积近 1 万平方公里的范围累计沉降量已超过 200mm,并在区域上已经基本连成一片,最大累计沉降超过 2500mm。

同时,随着长江三角洲城市化的发展,产生了新的沉降因子,即在软土地区进行大规模、高密度的城市建设及工程活动,又进一步加剧了地面沉降。目前地面沉降是本地区规模最大、持续影响时间最长、也是国内最早发现的同类地质灾害。地面沉降使得原来就以地势低洼为特点的太湖水网地区以及滨江临海地区地势更加低洼,使 20 世纪 50 年代大规模兴建的防洪排涝等水利工程严重失效,使本已遏制的洪涝灾害又趋严重,由于地面不均匀沉降,导致构建物受损,市政基础设施破坏,造成巨大经济损失。

据相关文献资料记载,长江三角洲地区为长江口附近的上海市及毗邻的江苏、浙江二省沿海,北起灌河口,南抵钱塘江口,包括江南的太湖下游和江北的里下河两个地面高程

1

在高潮位以下的洼地。该地区位于我国南黄海和北东海的西岸，为全新世以来由长江入海泥沙沉积而成，平均海拔高度为 3m 左右。沿海全线建有挡潮海堤，海岸类型均为粉砂淤泥质平原海岸，发育有广阔而典型的潮滩。全区滩涂超过 5000km²，其中潮间带面积占滩涂总面积的 40% 以上，在潮间带上分布着约 1000km² 的海岸湿地。据地质勘查报告显示，在中国经济占据极其重要位置的长江三角洲，漫滩相对十分发育，其形成的软土，地层软弱，工程地质条件复杂。地区典型的流塑状淤泥质粉质黏土含水量高，空隙比大，土质极其软弱，在长期荷载作用下，呈现蠕变性、高压缩性和变形延续时间长等特点，地面沉降需要经历一个长期的过程。

漫滩地层比较突出的特点是上部黏土层为软土层和硬土层呈互层结构，在软土层中夹有粉细砂层透镜体，下部砂层的厚度较大（3~40m），为承压含水层，施工过程中容易出现流沙、管涌等现象。区域内的水文地质情况按地下水贮存条件、水理性质及水力特征可以分为松散岩类孔隙水和碎屑岩类裂隙水两大类。漫滩地面沉降往往使得建于其上的建筑物或构筑物因沉降过大或不均匀而发生开裂甚至破坏，严重影响着建筑物、公路、城市地铁、地下管线等公共基础设施的安全运营，成为制约城市可持续发展的一个不可忽视的因素。因此，研究长江漫滩地面沉降迫在眉睫。

综上所述，对于长江漫滩地面沉降的研究主要有以下几个方面的意义：

（1）对于城市地面沉降相关理论的研究，可以进一步丰富和完善该研究领域的方法和理论体系，探求更为合理有效的新理论、新方法和新技术，对于实施地面沉降监控具有重要的现实意义。

（2）对于长江漫滩地区地面沉降的研究，可以帮助人们更加深入地认识长江漫滩地质条件下地面沉降发生的特点，促进人们对具有相同地质条件的城市地面沉降的研究。

（3）利用现代计算机技术、网络技术等，结合已有的监测系统，可以建立智能化的地面沉降信息管理系统，对区域内监测点的属性信息进行空间管理和智能分析，从而实现监测、分析、控制的一体化，为城市规划、管理和决策提供快速有效的依据。

1.2　国内外研究进展

1.2.1　沉降机理研究

太沙基（Terzaghi）的土体固结理论于 1925 年提出后，就被用来解释地层的压缩而导致地面沉降。一般情况下，由于含水地层中水被抽取而产生的地面沉降有两部分，一部分是含水层在水被抽取后，土体体积压缩而引起的；另一部分是由隔水层（相对不透水层）的固结而引起的，固结的附加应力来源于地下水抽取后所引起的地下水位下降或承压水头的降低。

地面沉降的主要成因为抽取地下水（或石油和天然气）。随着地下水从沉积含水层组中，尤其在那些厚层的半固结淤泥、黏土层（弱含水层）组中排出，含水层的孔隙体积和总体蓄水能力大幅度减少，并且不能完全恢复，于是就会形成地面沉降。这一类地面沉降的成因有两种机理：有效应力原理与水动力固结理论。这两个原理将含水层的压实分为两个过程，前者解释了含水层在抽水过程中的压实引发的地面沉降，后者解释了抽水以后的残余压实引发的地面沉降。根据有效应力理论，抽水以前上覆土层和水的重力由孔隙水压力和颗粒间的有效压力共同平衡；抽水后总压力不变，孔隙水压力降低，有效压力增加，这样颗粒骨架所受压力增加，土层被压缩，微观上表现为颗粒之间的孔隙度降低，宏观上表现为含水层变薄。抽水结束后，地面沉降并未停止，这可以用水动力固结理论来解释：在抽水过程中透水层的放水速度比弱透水层快，因此水位下降也快，停止抽水后，由于两类含水层之间水位高度不同，存在水位差，而表现为弱透水层向透水层渗水，弱透水层因而继续有压实作用，仍有沉降发生。

同时，不少地基为弱超固结，这种超固结可能是由于老化或颗粒胶结而形成的。正常固结和超固结土体的压缩曲线如图 1-1 和图 1-2 所示，图中，p 为各向等压的固结压力或竖向固结压力，e 为孔隙比，C_c 为压缩指数，C_s 为回弹指数，且一般地 $C_c = (5 \sim 10) C_s$。对超固结土而言，压力小于前期固结压力时，土体沿曲线 CD 压缩；压力大于前期固结压力后，土体将沿着曲线 DE 压缩。如果地下水位变化引起的附加应力使得土层的应力大于前期固结压力，土层将会产生较大压缩。对正常固结土，土层在受到地下水位变化引起的附加应力之后，土体沿图 1-1 中的曲线 AB 压缩。尽管图 1-1 和图 1-2 的直线或折线关系是假定或近似的，但还是在某种程度上反映出正常固结、超固结土的压缩性变化情况。因此，对正常固结或弱超固结土，如果附加应力增大，就可能产生较大的沉降。对于较强的超固结土，由于首先沿曲线 CD 压缩，产生的压缩量应该是不大的，除非总应力超过前期固结应力。因此，不少学者认为，土层存在一个临界水位，当水位低于该临界水位时，土层就超过前期固结应力，从而产生较大沉降。因此，临界水位可以作为控制地下水开采量。

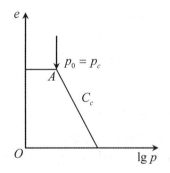

图 1-1 正常固结土的压缩曲线

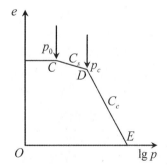

图 1-2 超固结土的压缩曲线

然而，Janbu 则认为，超固结土在其加载初期(应力达到前期固结应力之前)，随着应力的增加，土体在前期固结应力下形成的结构会渐渐破坏，土体的体积变形模量要显著减小。而只有当应力超过前期固结应力之后，体积模量才会缓慢增加。如果是这样，土层就不一定在应力超过前期固结应力后才会产生显著沉降，亦即，应力小于前期固结应力时，也有可能产生较大的沉降，对此应予以充分注意。

1.2.2 室内模型试验与分析

20 世纪 50 年代，日本学者村山朔郎通过大比例尺模型试验，研究了含水层中抽取地下水与地表沉降的关系。有一组试验所用的土层是由一层黏土放在一层砂含水层上组成的；另一组试验中，两层黏土和两层砂交替地填在钢槽中。土层顶面充满具有自由表面的水，主要模拟由于含水层中的承压水头的降低和恢复所引起的地面活动，得出了承压水头降低与恢复情况下的孔隙水压力变化规律；含水层中承压水头的反复变化所引起的地面沉降，得出了砂层的变形与承压水头压力变化同步，但黏土层的变形则有些时间滞后及黏土层回弹比其固结快。

麦钦特（Merchant）则认为土体沉降中的次固结现象是由于土颗粒的内部摩擦阻力延滞所致，土骨架压缩的大小是时间和有效应力的函数，同时还假定孔隙比和有效应力为线性关系，并且与时间无关。他还认识到在施加荷载后，主固结和次固结是同时发生的。在 Terzaghi 土体固结理论的基础上，他引入了次固结的作用，建立了由 Hooke 弹性体和 Kelvin 模型串联而成的 Merchant 流变模型，提出了新的考虑流变的固结理论，即著名的 Merchant 流变模型。Gibson 和 Lo（1961）根据 Merchant 模型推导出固结方程的精确解。

同济大学唐益群教授通过室内模型试验，研究了上海地区典型地质条件下高层建筑群工程环境效应对地面沉降的影响，探讨了在高层建筑群工程环境效应作用下不同土层的变形特点、相邻建筑物之间的相互影响状况、高层建筑群对中心及周边区域地面沉降的影响以及沉降影响范围、土层中应力（包括土压力、孔隙水压力）的变化规律等。试验研究结果表明，上海软土层是地面沉降的主要组成部分；高层建筑群工程环境效应造成的城区地面沉降的特点是距建筑物 1 倍基础宽度范围内的地面沉降大于建筑本身的沉降，尤以相邻建筑之间中心区域地表的沉降量最大；密集高层建筑群之间地表变形存在明显的沉降叠加效应，并使沉降量超过容许值，从而带来不稳定因素。

成都理工学院工程地质研究所课题组与陕西省地质环境监测总站联合开展了西安市区地面沉降与地裂活动的量化模拟研究，采用地质力学模拟技术，定量与半定量研究重力扩展所引起的地面沉降及地裂活动，模型试验主要通过侧面扩张与地界隆起条件引起的地裂缝破裂特征及地面沉降活动，但没有包含抽水等其他因素引起的沉降错动或地面沉降；课题组采用物理、机制模拟及监测资料等方法，提出了西安市地面沉降机制是土体松动在压密、土层失水压密和砂层排砂多种作用机制的联合产物，其中土体松动在压密中占主导地位；论证了抽水沉降与地裂活动的关系，得出了西安市的地面沉降其根本原因是地裂缝的活动，即地裂缝活动引起的架空、松动是造成地面沉降的物质基础，过量抽取地下水只是诱发且部分叠加了地面沉降过程，异常的地面沉降又加剧了地裂缝的活动强度，造成了地裂缝附近土层的再松动和架空，从而又为进一步沉降提供了新的物质基础。

河海大学学者周志芳在现有成果的基础上，设计、研制地面沉降室内试验装置，并改进试样的饱和方法。使用该装置模拟释水引起的地面沉降，从地面沉降对水位变化的响应和地面沉降过程中的孔隙水压力变化两方面研究地面沉降的滞后性。分析结果得出：①承压含水砂层和黏土层的变形均表现出滞后现象；②相同试验条件下，黏土层变形的滞后时间随着土层厚度的增大而增加。地面沉降试验完成后，分别从黏土层的底部和顶部取出试样进行室内常规压缩固结试验，试验结果表明：抽水引起的地面沉降在垂直层面方向上是不均匀的，距离抽水含水层越近的部分其压缩程度越大。

何俊、肖树芳从软土的微观结构入手，主要研究结合水、结合水中的黏滞系数对固结、流变性质的影响，说明软土的变形和强度性质与时间有明显相关性的其中原因之一就是受含量较多的结合水的影响。在固结模型中仅考虑软土的流变性是不够的，还要考虑黏滞系数是压力、结合水厚度的函数。

1.2.3 地面沉降监测技术

对于地面沉降监测技术的研究是地面沉降监测的一个重要内容。随着科学技术的进步，地面沉降监测所用到的技术、仪器、方法都在不断地更新、进步。就沉降监测技术的发展历程而言，共有以下几个方面：

1. 水准测量

水准测量作为传统的沉降监测技术，其既具有高性能、价格低、操作简单的特点，同时也有外业时间长、生产效率低、工作成果比较滞后等缺点，而且无法对测量区域实现实时、自动化监测。另外，由于地面沉降监测所布置的控制点数量有限，仅仅能够从整体上对所测量的区域进行概况性的分析，无法精确地把握沉降的整体分布特征以及发展趋势。电子水准仪的崛起在一定程度上改变了传统水准测量的劳动强度大、数据解算繁琐的缺点，提高了工作效率。

2. 三角高程测量

三角高程测量是通过观测两点之间的水平距离和天顶距，从而求得两点之间的高差。由于该方法相对简单，虽然精度低于水准测量，但不受地面高差的限制，而且作业效率较高，因此应用范围较广。

3. 数字摄影测量

随着摄影测量技术自动化的实践，使得数字摄影测量技术得到了长足的发展。这项技术是将计算机技术和摄影测量技术有机地结合起来，最后实现自动化测量。这与传统的模拟、解析摄影测量技术完全不同，数字摄影测量技术的原始信息来源，不仅可以是照片，更重要的是数字影像，亦即通过数字图像的采集和相应的计算机软件生成数字地面模型和正射影像图。

4. GPS 测量

GPS 作为一种全天候、全覆盖的综合性观测技术，经过 20 余年的发展，测量的精度已达到亚毫米级，已经在相当多的领域代替了常规的测量仪器。GPS 技术能够把测量定位技术从静态扩展到动态，而且无需测站之间的通视，因此可以简化观测方案的设计。随着计算机、数字通信等技术的不断进步，GPS 技术从开始的周期性观测逐渐向高精度、自动化以及持续性的观测发展，从而使得地面沉降的监测工作变得更加快捷和经济。

5. 合成孔径雷达干涉测量

合成孔径雷达干涉测量技术(InSAR)利用微波主动成像技术，通过记录地表反射回来的幅度和相位信息，将同一地区的两幅相干 SAR 影像进行干涉处理，来生成该地区的数字高程模型或者地表形变图。理论上，该技术的精度可以达到亚厘米级，能够满足许多变形监测的要求，比如地震、火山、地面沉降及滑坡等。

6. 地基合成孔径雷达干涉测量

地基合成孔径雷达干涉测量技术(GBInSAR)采用微波主动成像技术来获取目标区域

的二维 SAR 图像，将步进频率连续波技术和干涉测量技术相结合，在雷达影像方位向和距离向获取方面具有高空间分辨率的采样点，解决了星载雷达受时空失相干影响严重和低空间分辨率的缺点，可以实现毫米级的变形监测。GBInSAR 技术具有精度高、成本低、空间近连续性和遥感探测等优点，已经广泛应用于滑坡、冰川和大坝变形监测，并取得了令人满意的成果。

7. GPS/InSAR 融合测量

目前，GPS 技术和 InSAR 技术是进行大面积地面沉降监测的主要技术手段，两者在技术上都具有各自的优点和缺点。GPS 技术具有较高的时间分辨率，且相对定位精度可以达到亚毫米级，但是其空间分辨率相对较低。而另一方面，InSAR 技术的空间分辨率可以达到 20m×20m，而且可以获取整个区域上的连续信息，但是 InSAR 技术卫星的观测周期为 35 天，应用于地表变形监测的时间分辨率较低。由此可以看出，GPS 和 InSAR 的融合技术可以很好地将 GPS 技术的高时间分辨率和高平面位置精度与 InSAR 技术的高空间分辨率和高程精度统一起来，同时还能改正 InSAR 技术中的大气延迟误差和卫星轨道误差。

1.2.4　监控模型研究

地面沉降模型是地面沉降研究内容的重要组成部分，计算与预测的正确与否，将直接关系到地面沉降的防治工作，甚至影响到整个城市的安全运营和经济的可持续发展。从在日本东京举行的第一届地面沉降国际会议开始，经过多年的不懈努力，人们已对地面沉降的内在机理和发展过程分析得尤为透彻，新的理论方法、新的预测模型层出不穷，迄今为止，各种理论和成果已相当丰富，人们对其的认识与理解也相当普遍。地面沉降的过程包含了影响其变化的各种确定性因素和随机性因素的信息。目前，常用的地面沉降监控数学模型主要有三类：基于土力学理论的确定性模型、基于统计理论的随机统计模型和人工智能模型。然而，随着研究的深入，人们发现任何一种单一的监控模型都存在一定的局限性，需要相应的适用条件，才可以满足实际监控的需要，往往会呈现出通用性差，计算效率低等缺点。许多学者在致力于监控模型研究时，都将目光聚集在组合监控模型上，特别是基于人工智能算法的组合模型，希望借助于人工智能算法能有效地解决传统监控模型的适用性问题和模型缺陷，这也是近年来地面沉降监控模型研究的一个重要发展趋势。

1. 确定性组合模型

从地面沉降的研究机理来看，地面沉降是土层中孔隙水承担的孔隙水压力和土骨架承担的有效应力发生变化的结果，是土和水相互作用、内部应力发生变化的外在表现。因此，地面沉降与土的变形特性及水的渗流情况密切相关。确定性组合模型目前主要有确定性自耦模型和确定性与统计耦合模型。

(1)确定性自耦模型

确定性自耦模型是根据确定性模型中渗流模型和土体模型的结合方式不同形成的耦合模型。例如美国休斯顿地面沉降模型，意大利拉温纳模型，以及我国济宁模型的两步计算模型，其水流模型和土体模型相互独立，通过计算含水层和弱透水层的有效应力变化以及各土层的变形量来计算地面沉降量；冉启全、顾小芸建立的三维渗流模型和一维次固结流变模型相结合的地面沉降模型属于部分耦合模型，模型中水位和变形既分布又相互影响，利用渗透系数与孔隙率之间的关系实现了渗流与土体模型的部分耦合；魏加华在济宁市建立的地下水与地面沉降三维有限元模拟模型也属于这种模型；1978 年 R. W. Lewis 等学者在威尼斯地面沉降计算中将土的变形和地下水流统一于相同的物理空间，建立了完全耦合模型，计算结果表明该模型具有更好的稳定性。

（2）确定性与随机耦合模型

确定性与随机耦合模型将监测模型分解为确定部分和统计部分，组合成混合模型。确定性模型借助于有限元等数值计算，对变形期地下水流或土体变形分量进行有限元弹性计算，然后对时效分量采用统计模型形式，最终以统计方法统一求解参数而得到。2004 年黄铭等学者提出了基于遗传蠕变理论的沉降监测混合模型，取得了较好的预测效果。

2. 随机统计组合模型

随机统计组合模型是统计模型和其他模型组合形成的新的监控模型，是在建立白化模型比较困难、单纯的统计模型又难以反映地面沉降的整体变化且无法体现各监测量的综合作用的情况下普遍采用的一种预测方法。

随机统计组合模型大致可以分为以下几类：

（1）回归分析-人工智能组合模型

回归分析方法是数理统计学的重要分支，其自身理论体系相当完善，广泛地应用于社会经济、城市规划及环境等重要领域中。回归分析法可以分为多元线性回归和逐步回归分析，多元线性回归分析法是研究一个变量（因变量）与多个因子（自变量）之间非确定关系（相关关系）的最基本方法，逐步回归是建立在 F 检验基础上的逐个接纳显著因子进入回归方程，直到得到所需的最佳回归方程的分析方法。然而，解决多元线性回归分析问题的重点是多个参数的估计，传统的最小二乘算法计算过程复杂，而且程序结构不具有通用性。混沌蚁群算法是将混沌搜索和蚁群算法相结合，先用蚁群算法进行粗搜索，初步定位最优点位置，再在其附近利用混沌进行细搜索，具有较好的鲁棒性和种群寻优能力，对回归分析的多参数最优估计有着不可替代的优势。例如，吴新杰等学者提出的基于混沌蚁群算法的多元线性回归模型，模型能够有效地解决回归分析问题，同时还具有计算速度快、预测精度高、可靠性强等特点。

（2）时间序列-人工智能组合模型

时间序列分析是 20 世纪 20 年代后期开始出现的一种现代动态数据处理方法，是系统辨识与系统分析的重要方法之一，其应用范围包括自然、工程以及生物医学等众多领域。其特点在于：逐次的观测值通常是不独立的，且分析必须考虑到观测资料的时间顺序，当逐次观测值相关时，未来数值可以由过去观测资料来预测，可以利用观测数据之间的自相关性建立相应的数学模型来描述客观现象的动态特征。时间序列分析与人工智能模型相结合，形成一种新的非线性时间序列建模及预测方法。例如，白斌飞建立了基于神经网络理论的时间序列预测模型，对变形观测数据进行处理、分析和预测，取得了较好的预报效果。王君采用自组织特征映射网络与其他神经网络相结合的方法建立了时间序列模型，模型将数据先分类，然后再建立局部预测模型，对于时间序列，尤其是大量数据的预测，有更高的预测精度。郗大海提出了基于遗传算法和粒子群算法的时间序列建模方法，也取得了较好的预测效果。

(3)泊松生命回旋-人工智能组合模型

泊松生命回旋模型描述单个事物从发生、发展、成熟到极限的整个过程,而且是个收敛模型,能很好地对事物总量有限体系的发展、消亡过程进行描述和预测。模型解算过程中通过使预测值与实测数值之间的均方差最小,求定模型最优系数,绘制拟合曲线,并进行预测外推,从而得到以后相当长时间内的地面沉降量。然而泊松模型仅能描述历史统计数据中的线性规律,却不能描述历史统计数据中的非线性规律,而 BP 神经网络是一种非线性的、动态的网络优化算法,可以很好地解决这一问题。例如,梁娜提出的基于反向传播的神经网络和泊松模型的组合模型,组合模型通过信息的集成,分散单个预测特有的不确定性和减少总体不确定性,提高了预测精度。

3. 人工智能自耦合模型

人工智能自耦合模型一般是不同人工智能模型相互耦合形成的新的模型。例如:将处理人类的含糊性和灵活性的模糊理论和模拟人类脑神经系统学习机能的神经网络组合形成的模糊神经网络,将对生物的生命进化进行模拟的遗传算法和人工神经网络组合形成的遗传神经网络,将对鸟群觅食过程进行模拟的粒子群算法和对蚁群觅食过程进行模拟的蚁群算法组合成粒子群-蚁群模型等。这些方法相辅相成,利用相互融合的方法,可以达到易使用、鲁棒性和低成本,同时在精确度和可靠性方面达到一定要求。

(1)人工神经网络组合模型

诞生于 20 世纪 80 年代的人工神经网络(ANN)是一种非线性模型,克服了传统的基于逻辑符号的人工智能在处理直觉、非结构化信息方面的缺陷,具有强大的逼近能力、良好的自适应性和自组织性和较强的学习、联想、容错和抗干扰能力,在地面沉降监测领域有着较好的应用。然而,模型同时也表现出鲁棒性差、收敛速度慢和易陷入极小值等缺点,人工智能模型之间相互耦合可以很好地解决这个问题。例如,钟珞等学者在复合地基沉降量预测中建立的模糊神经网络,模型考虑了沉降变化过程有较大的随机性和模糊性,直接将样本数据进行模糊化,所得的模糊数代表了样本点集与控制点集中各分量之间的相关度,并依此建立模糊 BP 神经网络进行学习和估算。结果表明,该方法对地面沉降进行预测是可行和有效的;岑翼刚等学者建立了基于粒子群优化的小波神经网络模型,利用粒子群算法对小波神经网络中的参数进行优化,取代了传统的梯度下降法,实验结果显示,组合模型的性能、迭代次数、逼近效果均取得了显著的提高;倪前月等学者提出了基于遗传算法和 BP 算法的混合算法,该算法既解决了遗传算法收敛性慢,又克服了 BP 算法不能收敛到全局最优解的缺陷,实验结果表明,该算法显著优于遗传算法和 BP 算法。

(2)粒子群-蚁群组合模型

粒子群算法是一种高效的并行搜索算法,适应于连续领域的优化。算法初始化为一群随机粒子,然后粒子追随当前的最优粒子在解空间中搜索,通过迭代找到最优解。蚁群算法基于对自然界真实蚁群的集体觅食行为的研究,模拟真实的蚁群协作过程。算法由若干个蚂蚁共同构造解路径,通过在解路径上遗留并交换信息素提高解的质量,进而达到优化的目的。粒子群-蚁群组合模型克服了各自算法的缺点,在时间效率上优于蚁群算法,在求解精度上优于粒子群算法。例如,黄少荣提出了粒子群算法和蚁群算法的融合策略,模型首先利用粒子群较强的全局搜索能力，将经过一定迭代次数得到的次优解调整蚁群算法中的信息素的初始分布，然后利用蚁群算法的正反馈机制快速地求定问题的精确解，让蚂蚁也具有了粒子的特性，在每一次的遍历中都充分利用局部最优解和全局最优解来调整路径，以产生性能更优的下一代群体。

(3)模拟退火法-遗传算法组合模型

模拟退火法-遗传算法组合模型是将模拟退火法与遗传算法进行联合，实现的非线性优化算法。模拟退火法是一种基于随机搜索的近似算法，理论上能将解空间收敛到全局最优，而在实际应用中最优解的精度是难以确定的，该算法受到计算时间的限制，一般只能给出一个近似解。为了获得更为准确的近似解，一般选择多次重复执行模拟退火法，选择最好的解作为全局最优解，同时，模拟退火法从过去搜索的结果中得到关于整个搜索空间的一些信息以指导搜索过程。例如，张绍红等学者在地震波阻抗反演解释中建立的模拟退火法和遗传算法联合优化技术，在传统模拟退火法中引进了群体概念，把每次搜索得到的关于解空间的知识，反映在所求得的近似解中，以指导解空间的进一步搜索，具有避免陷入局部极值、加快收敛速度的优点，实验结果表明，模型具有较高的精度和可靠性。

1.2.5 地质灾害风险评价

国内外对地质灾害的探索历史久远，但有关地质灾害风险评估与管理方面的研究目前仍是一个较新的领域，迄今尚未形成完整的科学体系。尽管如此，随着人类对地质灾害风险认识的逐渐深入以及联合国开展"国际减灾十年"活动以来，地质灾害风险评价研究得到了长足的发展和进步，不但在防灾、减灾中发挥了重要作用，而且为地质灾害风险评价逐渐走向成熟奠定了基础，具有指导政府决策和城市建设的现实意义。

回顾国内外地质灾害风险评价的发展历程，大致可以分为以下几个阶段：

(1)20世纪60年代前，地质灾害工作具有浓厚的工程地质色彩，研究的重点限于灾害形成机理、分布规律及趋势预测以及调查分析灾害形成的过程和活动规律。相关的灾害评价以宏观定性分析为主，难以检测地质灾害风险评价所达到的水平，这种状况既阻碍了评价成果的应用，又妨碍了地质灾害评价理论和方法的发展。

(2)20世纪70年代至80年代中后期，地质灾害破坏损失的急剧增加促使人类把防灾、减灾工作提高到前所未有的程度。一些发达国家，如美国、瑞士、日本等首先拓宽了灾害研究领域，在继续深入研究灾害机理的同时，开始进行系统的灾害风险评估研究。在此期间，美国地质调查局对地震频发的洛杉矶的地震、滑坡、水灾等的风险度进行了全面的评价，并编制了相应的灾害风险图；在瑞士沃州，早在1979年政府就颁布了土地管理法，规定"受自然灾害，如雪崩、滑坡、崩塌、洪水威胁的土地，在未得到专家评估、充分论证或危险排除之前，禁止在灾害危险区进行任何建筑活动"；20世纪80年代，日本学者春山(Haruyama H)和川上(Kawakami H)(1984)利用数理统计理论对日本活火山地区降雨引起的滑坡灾害进行了危险度评价，其评价结果为降低灾害损失发挥了重要作用。我国地质灾害风险评价研究在时间上明显晚于国外，20世纪80年代以前，一直停留在铁路、公路沿线以及其他工程建设区崩塌、滑坡和泥石流灾害危险性定性分析阶段，尚未形成系统研究。

（3）20 世纪 80 年代后期至 90 年代中后期，为了加强各国在地质灾害相关领域的研究和交流，联合国于 1987 年开展了"国际减灾十年"活动。随着计算机技术、GIS 技术、数学模型分析方法的飞速进步，促进了各国对地质灾害风险评价研究水平的普遍提高。其中，20 世纪 90 年代初，Gupta 等学者将地理信息系统技术应用在喜马拉雅山麓 Rumgana 流域滑坡灾害危险性评价中，将滑坡灾害风险分为低、中、高三个等级，通过地理信息系统的叠加，勾绘了滑坡危险性分区图，从而奠定了基于地理信息系统技术的滑坡灾害危险性定量评价的基础。我国在这个时期也相继开展了区域性地质灾害危险性评价研究工作，并建立了各类地质灾害危险性评价模型。其中，张业成等学者（1993）针对我国崩塌、滑坡、泥石流等灾害，建立了地质灾害危险性指数评价模型和危险性评价分析模型，并研绘了地质灾害强度分布图和区划图；雷明堂、蒋小珍等学者（1994）运用 GIS 技术于岩溶塌陷评价中，根据塌陷影响因素，利用 GIS 的距离分析、叠加分析、分组分析等功能，完成了研究区塌陷危险性评价及分区。

（4）20 世纪 90 年代后期至今，地质灾害风险评价理论不断提高，研究内容不断丰富。地质灾害风险评价方法逐渐形成了比较完善和规范的体系，尤其是数学模型和 GIS 技术的应用得到了快速发展；在评价内容方面，也不仅仅局限于崩、滑、流灾害，其中也包括地面沉降、地裂缝、采空区塌陷等。近年来，我国对地质灾害风险评价的研究越来越重视，国家国土资源部相继发布了《地质灾害防治管理办法》、《关于实行建设用地地质灾害危险性评估的通知》等文件，并编写了《建设用地地质灾害危险性评估技术要求（试行）》、《地质灾害危险性评估规范》以指导和规范地质灾害危险性评估工作，确保将灾害损失降到最低。

1.2.6　综合分析评判理论与方法

经过数十年的探索和研究，地质灾害风险评价理论不断发展，其评价方法也逐渐由定性分析走向定量评价。根据地质灾害风险评价过程中所采用手段的不同，评价方法可以分为：统计分析法、层次分析法、模糊综合评判、人工神经网络、灰色关联分析和 GIS 分析技术。

1. 统计分析法

统计分析法是运用数理统计理论，通过统计地质灾害的活动规模、频次、密度以及地质灾害的主要影响因素，分析历史地质灾害的形成条件、活动状况和周期性规律，并依此建立地质灾害活动的数学模型。统计分析法中最常用的是判别分析和回归分析，前者更适合于连续变量，后者可以应用于含有定性变量的分析。刘希林等学者通过搜集大量资料，分析建立了判断泥石流危险性程度和评价泥石流泛滥堆积范围的统计模型，并对云南省和四川省泥石流灾害风险进行了评价；殷坤龙、晏同珍等学者通过对滑坡灾害危险性和斜坡不稳定性的研究建立了定量评价的信息分析模型、多因素回归分析模型和判别分析模型等，并应用于秦巴山区和三峡库区滑坡灾害防治，取得了较好的效果；邢秋菊、赵纯勇等学者采用数理统计方法中的逻辑回归分析和信息量法，结合 GIS 技术对万州滑坡危险性进行了评价。

2. 层次分析法

20 世纪 70 年代初，层次分析法（AHP）由美国著名运筹学家 T. J. Satay 首先提出，层次分析法在地质灾害风险评价中的基本原理是通过对影响地质灾害的多个因素进行分析，划分出各因素相互联系的有序层次；再请专家对每一层次的各因素进行客观的判断后，给出相对重要性的定量表示，建立数学模型，计算出每一层次全部因素的相对重要性的权数并加以排序；最后根据排序结果进行地质灾害的风险评价。层次分析法由于模型简单，计算量小，近年来得到了广泛运用。滕继东等学者将互反型判断矩阵改为模糊一致性判断矩阵，并把行归一法或方根法与特征向量法结合使用，提出了改进的模糊层次分析法，最后以浙江省青田县地质灾害危险性评价为例，验证了该方法在求解评价指标权重时更为合理。王哲、易发成运用 AHP 方法建立了绵阳市滑坡、崩塌、泥石流三种灾害的单灾种地质灾害易发性评价模型，对整个区域地质灾害的易发性进行评价，将区域地质灾害易发性综合评价结果与实际发生的地质灾害发育区进行对比，拟合率大于 90%。刘会平、王艳丽在 GIS 技术和基础地理信息数据库的支持下，建立专家打分赋权指标体系的层次分析模型，对广州市地面沉降危险性进行了评价，并绘制出了广州市主城区地面沉降危险性等级分布图。

3. 模糊综合评判

模糊综合评判又称为多元决策，对灰色系统判别具有良好的效果。所谓模糊综合评判，就是对受多种因素影响的现象或事物进行总的评价，即根据所给条件，对评判对象的全体，每个都赋予一个评判指标，然后择优选择。地质灾害是多因素综合作用的结果，引发地质灾害的各种因素间相互影响，出现了模糊性。采用模糊综合评判法可以使得指标分级界限发生模糊，这恰好体现了地质灾害中各影响因子的非线性关系。李伟等学者在分析沧州市地面沉降成因的基础上，以黏性土层累积厚度、地下水开采强度、地下水水位埋深、油气热水水资源开采、建筑容积度、累计沉降量等环境地质因素作为评判指标因子，应用模糊评判原理和方法，通过评价指标的隶属度计算和 MAPGIS 的应用，得出沧州市地面沉降危险性综合评价结果。王新民、段瑜选取地质、水文、环境、采空区集合参数等 4 个方面的 14 项因素作为评价因子，采用模糊综合评判法对地下采空区灾害危险度进行综合评价与划分，确定了危险源及其危险度等级，为采空区的治理与安全生产提供了重要的理论依据和指导。

4. 人工神经网络分析

神经网络法是模拟人的智能的一种方法，该方法通过把大量的神经元连接成一个复杂的网络，并利用已知样本对该网络进行训练，让网络存储变量间的非线性关系，然后用所存储的网络信息对未知样本进行分类或预测。曹丽文等学者探讨了 GIS 支持下利用人工神经网络技术进行开采沉陷定量预测的方法，完成了影响因素的选取、数据处理、开采沉陷初始模型的建立及验证；叶先进利用 GIS 将参与评价的因子按神经网络模型中的因素选取确定后，以地图图层的形式输入 GIS 系统中，进而将图元区域的各项因素指标值写入中间数据库，供人工神经网络评价模型直接调用，实现了 GIS 数据与评价分析模型的无缝连接。

5. 灰色关联分析

灰色关联分析法是建立在灰色系统理论基础上的一种定量评价方法。该方法根据评价因素之间发展态势的相似或相异程度，来衡量评价因素之间的关联程度，最终将评价因素的权重与其等级的分数相乘然后相加，得出评价结论。涂长红等学者利用改进的灰色关联分析方法，采用地形地貌条件、地层岩性特征、地质构造特征等 9 个评价因素及"中心化"无量纲处理方法，对广东省滑坡灾害危险性进行了评价，其结果具有一定的客观性、科学性和合理性；宋雪姐等学者运用灰色关联分析方法，获取了评价和龙市泥石流灾害的定量指标，并计算出各指标的权重，在此基础上得出各区域的泥石流危险度，据此对各区域进行了危险性分区；刘志平等学者结合改进的灰色关联分析模型，运用 GIS 方法获取与地理空间相关的正常蓄水位方案指标，建立了一套完整的正常蓄水位方案综合评价模型。

6. GIS 分析技术

地理信息系统(GIS)分析技术是利用 GIS 强大的空间数据处理和分析功能，通过构建地质灾害风险评价数据库，建立 DTM 模型和 DEM 模型，提取主要的风险评价指标，并结合其他评价方法或模型来实现对地质灾害风险的评价和区划。杨秀梅以甘肃省洮河莲麓水电站工程建设区为研究单元，结合研究区地质灾害的形成条件和发育特征，采用 GIS 技术与层次分析相耦合的方法对研究区进行了地质灾害危险性评价，得出地质灾害危险性等级，为该区域工程建设提供了科学依据和理论借鉴；Johnson 等学者于 2000 年在澳大利亚一项为城市发展规划服务的崩、滑、流灾害预测中，把地质灾害危险性、易损性和风险评价作为一体，以 GIS 为平台，分别采用平面和三维评价系统，对 Caims 地区进行了崩、滑、流地质灾害的危险性分析和风险区划研究；胡蓓蓓等学者利用 ArcGIS 的空间分析方法对天津市 1985—2005 年累计地面沉降量、加权算术平均速率和地下水开采强度三个因子进行叠加分析，得到地面沉降灾害易发性、易损性和防灾减灾能力分区图，在此基础上，采用加权综合评价法，通过栅格运算得到地面沉降灾害风险区划图。采用空间分析技术对城市地质灾害进行评价，简捷快速，评价结果可视化程度高。

1.2.7 地面沉降监控指标研究

地面沉降监控指标是指通过组合一系列反映地面沉降各个方面及相互作用的指标，形成模拟系统的层级结构，并根据指标间相关关联和重要程度，对参数的绝对值或相对值逐层加权并求和，最终在目标上得到某一绝对值或相对的综合参数来反映地面沉降状况，其实质是在实际应用中对理论框架具体化。

根据不同地区地面沉降的机理，不同地区地面沉降的主要影响因素不同，因此地面沉降监控指标也不同，例如，北京市是人口密集，社会经济发达的城市，地面沉降监控指标考虑人为因素和自然因素，自然因素监控指标包括第四系厚度，含水层组的个数、可压缩层的厚度以及极限开采厚度，人为因素监控指标包括人口密度，建筑物容积率等。对上海市的地面沉降进行监控可以参照北京市这类受人为因素影响较大的评价指标。此外，苏、锡、常地区由于受到地裂缝灾害的影响，自然因素是进行地面沉降监控的重要要素，监控指标包括第四系松散层厚度、含水层的厚度、软土层厚度、地下水位降深、累计地面沉降量、地面沉降速率等。天津市的地下水开采是导致该地区地面沉降最主要的致灾因子，因此对其进行地面沉降监控需重点考虑该项指标，该地区监控指标包括累计地面沉降量、地面沉降速率以及地下水开采强度等因子。上海市地下水开采量也很大，对上海市地面沉降进行监控也需将地下水开采作为重要考虑指标。广州市地处珠江三角洲地区，其地面沉降具有环境地质复杂，致灾因子多样，承灾体系脆弱，后果严重等特点，严重影响城市建设和经济发展，对其进行地面沉降监控的指标主要包括构造条件、第四纪地质以及人类活动等，其中构造条件的因子包括断裂构造、地壳稳定性以及地壳运动速率，第四纪地质因子有第四系覆盖层岩性、第四系覆盖层厚度、地下水类型以及基岩岩性等。人类活动的因子包括人类活动强度以及工程活动强度等。对于地处长江三角洲地区的上海进行地面沉降风险评价极具参考价值。

国内外对于地面沉降监控指标的研究、应用尚没有形成统一的标准。但地面沉降发育较严重的地区，比如天津、上海、沧州及苏、锡、常等地，均对地面沉降的监控指标做过探索性工作。天津市考虑到地下水现状、地层状况、经济状况及防灾抗损状况等方面建立监控指标体系。苏、锡、常地区则分别从地面沉降的地质条件、受灾体的易损性及抗风险性着手，其中地面沉降的地质条件包括第四系松散层厚度，含水层厚度，软土层厚度，地下水位降深，累计地面沉降量，地面沉降速率这几项指标。上海市的研究成果表明地面沉降的风险要素由危险性和易损性这两个要素系列组成。危险性要素系列包括地质条件、地貌条件、人为地质动力活动以及地质灾害规律、发生概率或发展速率等指标。

1.2.8 监测数据的管理与分析

为了能够有效控制城市地面沉降的发展，许多政府部门每年都投入了大量人力、财力对地面沉降进行监测。例如，西安市从 20 世纪 80 年代初就已经开始对地面沉降进行持续地动态监测，积累了大量的观测数据。但是，由于客观条件和技术手段的限制，这些年积累的成果并没有得到科学地管理和有效地利用，而且采用人工的方法也越来越难以满足现实的需要。

借助于日益发展的数据库技术、GIS 等技术，建立一套综合性的计算机信息管理系统，实现观测数据的自动入库、数值分析、可视化显示、趋势分析与预测，各类报表、图形的自动生成和输出，及时快捷地掌握地面沉降的具体情况，为政府部门提供相应的建议，对城市规划和城市空间的合理开发利用具有重要的现实意义。例如，于军建立的基于 ArcGIS 平台的苏、锡、常地区地面沉降管理信息系统，系统不仅具有一般 GIS 所具有的常用功能，更重要的是可以借助专业应用模型(如地面沉降相关预测模型)进行计算评价及辅助决策，实现了对苏、锡、常地区地面沉降地质灾害的科学监测和管理，具有较高的理论意义和应用价值。辛亚芳建立的西安市地面沉降信息管理系统，对地面沉降监测数据进行科学规范的管理，并通过各种分析来掌握地面沉降动态变化特征和规律，反演地面沉降的成因，最终建立起一个完整的地面沉降监测数据管理与分析系统，为城市规划、建设及地面沉降的防治工作等提供及时准确的决策信息。董国凤建立了基于 GIS 的天津市地面沉降地理信息与预测系统，不仅可以对区内各监测点的水位、开采量、地面沉降等信息进行高效管理，而且可以根据长期监测的水位、水量和沉降数据，定时拟合模型。

由此看来，漫滩沉降监测与评判辅助决策系统不仅能帮助管理者更好地认识地面沉降与各种因素之间的机理关系和规律，减少控制漫滩地面沉降和管理的费用，而且能够提高决策的正确性和有效性，使信息科技在漫滩地面沉降的研究和应用中发挥巨大的作用，从而给人类带来更大的经济效益和社会效益。

1.3　主要研究内容和技术路线

漫滩地面沉降是一个包含多学科专业知识的综合性课题，目前该领域的研究还不够完善，还有许多亟待解决的问题。针对目前漫滩地面沉降的研究状况以及存在的问题，本书将从以下几个方面展开研究：

1.3.1　漫滩地面沉降影响因素及机理研究

长江漫滩地面沉降产生的机制及演变机理比较复杂，需要进行广泛深入的研究。

（1）地面沉降是一个复杂的、有多种因素综合作用的结果，影响其发生地面沉降的因素主要可以分为自然因素和人为因素两大类。对影响漫滩地面沉降的主要因素，如地下流体的运移、地面荷载、地下工程的建设等进行系统的分析。

（2）针对区域地质条件、土体自重作用、抽取地下水和城市建设四个方面，综合阐述了这些影响因素引起河西漫滩地面沉降的机理。

1.3.2　长江漫滩沉降监控模型的研究

由于地面沉降的成因机制复杂多变，而且不同地质条件下地面沉降的状况又迥然不同，单一的监控模型不足以对地面沉降的具体情况作出良好的判断，因此将从最小二乘支持向量机模型、Kriging 插值模型、小波神经网络模型、生命旋回模型、阿尔蒙分布滞后模型分别着手，利用这些模型对地面沉降的监测数据进行预测和分析。

最小二乘支持向量机不仅具有传统支持向量机在解决小样本、非线性及高维模式识别中表现出的特有优势，而且其将最小二乘线性系统引入到支持向量机中，用等式约束代替不等式约束，求解过程由二次规划方法变为解一组等式方程，避免了求解耗时的二次规划问题，求解的速度相对加快。

Kriging 插值模型的建立依据是区域化变量存在时空相关性，模型是以变异函数理论分析为基础，对有限区域内区域化变量的未知采样点进行线性无偏、最优估计。无偏是指偏差的期望为零，最优是指方差最小。Kriging 插值模型将目标点有限邻域内的若干样本点作为参考数据，在考虑了样本点的形状、大小和空间方位、与未知样点的相互空间位置关系以及变异函数提供的结构信息之后，对目标点进行的一种线性无偏最优估计。

小波分析是以数学理论中的调和分析为基础发展起来的一种多分辨率的分析方法，其最大的特点是在时域和频域同时具有良好的局部化性能，有一个灵活可变的时间-频率窗。小波神经网络结合了小波分析良好的视频局部化性质及神经网络的自学习功能，因而具有较强的逼近能力及容错能力、较快的收敛速度和较好的预报效果。

生命旋回模型是由中国科学院院士翁文波教授于 20 世纪 80 年代中期提出的一种著名预测理论，该理论针对事物生命总量有限体系而言，从系统辨识理论和控制论的观点出发，从时间流中考察随机序列变化的非线性系统特征，为一种功能模拟模型，只要系统的输出能达到所需的精度，模型的实用性也就肯定。

地面沉降相对于地下水位变化的滞后作用是我国地面沉降方面需要解决的问题之一。由于几何分布滞后模型的随机扰动项通常存在一阶自相关，阿尔蒙提出利用有限多项式来减少待估参数的个数，以此来削弱多重共线性及参数估计中的自由度损失的有限分布滞后模型，然后采用普通最小二乘法估计模型参数。

1.3.3 长江漫滩地面监测技术研究

重点进行 GPS/InSAR 融合技术研究以及多源空间数据的融合与叠加分析研究。GPS 是一种全天候、全覆盖、综合性的观测技术，其测量精度已达到亚毫米级，而且 GPS 测量可以选择测量频率，其在时间域上的分辨率可以达到分钟甚至更高的数十秒级，其缺点是基线很长，空间分辨率低，难以满足沉降监测的要求。InSAR 是基于 SAR 发展起来的一种全新的对地观测技术，具有全天候、高空间分辨率、低成本、近连续性和远程遥感探测的特点，其缺点是对大气传播误差、卫星轨道误差、地表状况及时态不相关等因素非常敏感。GPS/InSAR 融合技术结合了 GPS 的高时间分辨率和 InSAR 的高空间分辨率，并可以通过 GPS 网高精度的点位信息和形变数据校正 InSAR 的大气传播误差和卫星轨道误差，然后利用高空间分辨率的 InSAR 数据对 GPS 网位移形变场进行数值内插，从而得到高空间分辨率的地表形变位移场。GPS/InSAR、区域环境地质信息等多源空间数据融合，处理的是确定和不确定的、全空间和子空间的、同步和非同步的、同类型和不同类型的、数字和非数字的信息，呈现出复杂、多源、高维的特点，要通过信息的融合，实现信息表达方式、结构、功能上的互补。

1.3.4 长江漫滩地面沉降综合评价方法研究

长江漫滩地面沉降监控评价指标是沉降信息管理分析功能的一个重要组成部分，涉及多个学科的多个方面，是按一定目的和原则对地面沉降监控指标进行定性或定量分级，到目前为止，国内外尚无统一的标准。鉴于地区经济、社会条件的不同，地面沉降灾害所导致的危害也不尽相同。结合野外实际调查资料，参考国内外相关地面沉降监控评价指标所使用的分级标准，将研究区域漫滩地面沉降监控评价指标按危害性程度分为危险性低（Ⅰ）、危险性较低（Ⅱ）、危险性中等（Ⅲ）、危险性较高（Ⅳ）、危险性高（Ⅴ）五个等级，为漫滩地面沉降的防治及城市规划提供理论支持，也为其他城市和地区的漫滩地面沉降监控提供参考依据。

1.3.5 基于 GIS 的地面沉降分析与环境灾害评估可视化技术研究

利用 ArcGIS 的各种功能，借助于 Visual Studio2010、. Net Framework 4、百度地图 Java Script API 和 Microsoft Access 2010 数据库技术，基于 ArcGIS Engine 二次开发，建立地面沉降灾害空间信息管理系统，管理地面沉降灾害调查资料，显示并查询灾害的空间分布信息，评价地面沉降灾害的危险性程度，从而为地面沉降灾害的管理、防治和预警决策提供依据。

第2章 南京城市化发展及河西漫滩的发展与利用

2.1 研究区概况

2.1.1 南京概况

南京是江苏省省会，位于长江下游中部富庶地区，江苏省西南部，是全国最大的河港，东距长江入海口约400km。西边是冈峦起伏的皖南丘陵，北边是辽阔坦荡的江淮大平原，南边是水网密布的太湖地区，东边是锦绣富饶的长江三角洲。总面积6597km^2（不含水域），截至2012年建成区面积752.83km^2。如图2-1所示。

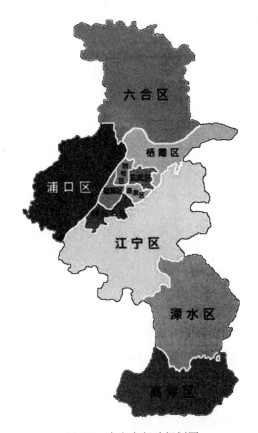

图2-1 南京市行政规划图

南京属于北亚热带湿润气候区，季风气候明显。冬冷夏热，四季变化分明。初夏有梅雨，夏秋多台风雨。年平均气温 15~16℃。自然植被属落叶阔叶林、常绿阔叶混交林，法国梧桐、马尾松分布较普遍，具有明显的南北过渡特征。土壤类型按地貌不同分为低山丘陵区土壤、岗地区土壤和平原区土壤三大类。作物以水稻、小麦为主，还有玉米、大豆、花生、棉花等。主要矿产有铁、铜、铅、锌、锰以及石灰石、白云石等。

2.1.2 南京河西概况

南京市河西地区位于内秦淮河以西与长江中间的区域，位于南京西南，北起三汊河，南接秦淮新河，西临长江夹江，东至外秦淮河、南河，总面积约 94km²，其中，陆地面积 56km²，江心洲、潜洲及江面 38km²。现有人口 35 万人，规划人口 60 万人。如图 2-2 所示。

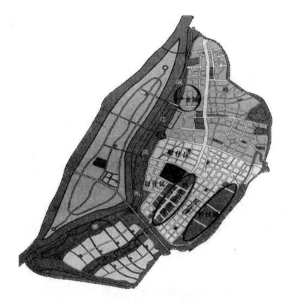

图 2-2 南京市河西区域总体规划图

河西地区以前是一片河漫滩地，是近代长江退移后形成的，地下土层结构复杂。近年来，南京市河西地区的发展迅速，河西新城规划定位为商务、商贸、文体三大功能为主的城市副中心，居住与就业兼顾的中高档居住区和以滨江风貌为特色的城市西部休闲游览地。

2.2 南京古代城市化进展

"江南佳丽地，金陵帝王州。"南京是著名的历史文化名城，是中国的四大古都之一。1993 年，在南京汤山发现了两具古人类化石，这表明 50 万年前，南京就已经有人类活动聚居。

17

南京有着近 2500 年的建城史。自公元 3 世纪以来，先后有东吴、东晋和南朝的宋、齐、梁、陈，以及南唐、明等多个朝代和政权在此建都立国，因此南京有"六朝古都"、"十朝都城"之称。经过 30 余年的改革开放，南京已成为新时代的创业热土，新世纪的创新家园。

大约在六千年前南京市区的中心鼓楼岗一带，就有原始居民居住。考古工作者曾先后在这里挖掘了面积约 11 万 m^2 的北阴阳营原始村落遗址。他们以采集、捕鱼、狩猎和原始农业为主，以陶器作为主要的生活用具。

南京在历史的漫漫长河中，有过兴盛，也有过衰败，本节将重点选取几个典型时期的南京城市规划及发展进行细述。

2.2.1　南京地区的早期城邑

从春秋战国开始，直至秦汉之际，南京地区先后出现了一大批早期城邑。

公元前 472 年，越王勾践命令范蠡建筑城池，以达到自己一统江淮的目的。这便是在南京建造的最早的一座城池，后人称它为"越城"。越城遗址位于今中华门外，又被称为"越台"。地理位置主要分布在现秦淮河以北，玄武湖以南。

公元前 472 年，战国初年，越国征服楚国的梦想被楚国的反击打破，楚国征服越国后"尽取吴故地，东至于浙江"，置江东郡。公元前 333 年，楚威王熊商灭越，在石头山（今清凉山）一带筑城，名为"金陵邑"。金陵邑是南京地区年代仅次于越城的第二座古城，南京的古名"金陵"一词也由此得来。

公元 212 年，三国时期的吴国主公孙权在清凉山上楚国金陵邑的基础上，利用西麓的天然石壁做基础修筑了石头城。石头城环绕清凉山而建，以清凉山西坡天然峭壁作为城基，周长 3km 左右，其范围大致与清凉山相当。石头城临江控淮，恃要凭险，可以储藏兵械和粮饷。因此，石头城在东吴、东晋和南朝都被用来作为水军根据地和首都西面的军事重镇。

2.2.2　六朝时期的南京

公元 229 年孙权在南京建都，始创建业城，这是南京作为都城的正式开始，至今已有将近 1800 年。当年建业城的内外，人工运河与自然江河纵横相接，三吴地区（吴郡、吴兴和会稽）丰富的物资，可以通过江南水网直接运抵都城内的仓城。石头城下的长江码头经常停泊有数以千计的船舰，曾经远航至台湾、海南岛和朝鲜半岛等地，并与日本及南海诸岛有着密切的文化往来。都城位置在玄武湖以南：北自鸡鸣寺，南至淮海路一带，东起逸仙桥，西抵鼓楼岗。东吴以后五个朝代的都城大致都在这个位置。

公元 317 年，琅玡王司马睿率领 30 万人从中原仓皇来到江东，建立东晋王朝。东晋及被称为"南朝"的宋、齐、梁、陈是年代相继的 5 个王朝（公元 317—589 年），它们的都城是在东吴建业的基础上扩大而成的。连同在此之前的东吴，常被人们称为"六朝"，所以南京又有"六朝古都"之称。

2.2.3　南唐金陵的转折

到隋唐时期金陵便步入了低潮，隋唐的统治者惧怕金陵再出现割据政权，为了从根本上消除建康的都城地位及其在人们心目中的印象，下诏"建康城邑、宫室平荡耕垦"。于是，六朝时期建康境内的宫殿府第、亭台楼阁全部被夷为平地，辟作农田，一扫六朝帝王都城的繁华。唐代的金陵已降为一般的州县。

五代十国时期的金陵城，是在公元 914 年开始重建的。公元 920 年，修造的新金陵城完工，改名为"金陵府"；公元 932 年时，徐知诰再一次拓宽金陵城。公元 937 年，李昇称帝后，把金陵定为南唐的首都。后来，北宋的江宁府、南宋的建康府和元代的集庆路，都沿用了这座南唐的金陵城。

作为南唐国都的金陵城，在南京城市发展上也是一个重要的转折点，即改变了六朝时建康都城将政治区与工商业区和居民区分离的状况，而将城池南迁到以秦淮二十四航为中心的位置。在南唐金陵城的范围内，千余年来一直是南京人口最密集、工商业最繁盛的地带。

2.2.4 明朝时期的南京

朱元璋定都南京后，接受谋士刘基等人的建议，将宫城定在钟山的南麓。从此，大规模的南京城墙的修建工程拉开了帷幕，南京也成为统治全国的中心。

明代南京城的修建自公元 1366 年开始，到公元 1386 年建成各主要城门，前后历时 21 年。整个修建过程大致可以分成四个阶段：第一阶段是在钟山的西南麓新筑皇城和改筑南唐以来的金陵旧城；第二阶段是自旧城的西北端沿外秦淮河向北筑新城墙直到龙江关；第三阶段是建造聚宝、三山、通济各主要城门，以及玄武湖旁城墙和各主要街道；第四阶段是建造外郭城。

明代南京城内布局，大致可以分为东部皇宫官署区、南部工商业和居民区以及西北城防仓储区。城东部大中桥以东，南至正阳门，北至太平门，是皇城和宫城所在，也是主要的中央衙署区。城南一带为南唐至宋元以来的旧金陵城范围，自六朝以来就是人烟稠密、百货云集之地，明代仍然是主要的工商业和居民区。城西北自鼓楼起直到石城门、定淮门、仪凤门和金川门一带，濒临长江，丘陵起伏，利于防守，因此被辟为主要的城防区。

明朝的南京城初步奠定了今天南京城市的格局。明朝的南京城为四重环套配置形制，有宫城、皇城、都城及外郭四道城垣，可以分为 6 大功能区：

(1)都城以外：功能区。东部以孝陵为核心的陵墓区；南部为厩牧寺庙区；西部为商贾云集的繁华市区的外延区。

(2)都城以内：三大综合区。东部为政治活动综合区；南部为经济活动综合区；北部为城防区，包括驻军卫所、教场、军事仓库等分区。

2.3 南京近代城市化进展

2.3.1 清末时期的南京

明朝时城市经济的繁荣在清朝延续了下来。明清两代交替期间，南京城并未遭到什么破坏，相应的前朝的城市布局也得到了传承和发扬。清政府在此设立了两江总督衙门，管辖江苏、江西和安徽 3 省，仍然保持了南京作为东南重镇的地位。

公元 1853 年，太平天国农民政权在南京定都，改名天京，使南京城进入了一种畸形发展的状态，统治阶级的阶级特性极大地改变了城市的发展思路，军事化的管理使得南京显示出了特殊的城市形态。但在清军的疯狂打击下，太平天国失去了对南京的统治。湘军攻陷天京城，并对天京城进行破坏，战争难免会羁绊城市前进的步伐，南京在经历短暂的低潮之后又得到了全面的恢复重建，手工业继续发展，开埠通商为南京的商业贸易注入了新的生机和活力，新式工业的诞生加快了南京近代化的脚步，城市面貌焕然一新。总体来讲，在太平天国政权定都天京的 11 年间，城市人口规模下降，统治阶级忙于战争，南京城并没有得到很好地规划与建设。

鸦片战争前期清朝闭关锁国，朝廷内部腐败严重，国力已经衰退，军队战斗力不强，当面对刚刚完成工业革命的西方列强时，没有半点抵抗能力。鸦片战争打破了中国的闭关锁国状态，结束了中国的封建社会，使中国的封建自然经济逐步解体，为中国资本主义的产生和发展创造了条件，同时使得在中国延续数千年的封建社会的城市格局得以打破。通过鸦片战争，使得中国敞开大门，发展近代工业、交通、铁路和水运等，南京地处中国心脏地带，地理位置优越，成为中国改革的前哨，水路、铁路等交通相继建立，改变了传统的城市布局，为城市发展带来了新的活力。经过修复的鸦片战争的历史遗址，从中可以看出当时的南京城规划建设仍然遵循轴线原则，讲求亲近自然山水，仍然保留我国古典的城市建设的血统。

2.3.2　民国时期的南京

1911—1949 年，简称民国时期，是中国历史上大动荡、大转变的时期，半殖民地半封建社会的终结阶段。在这期间经历了辛亥革命，军阀混战，抗日战争，解放战争，整个社会战乱不断。但是南京城市建筑行业的发展依然生机勃勃。

1927 年国民政府定都南京后，对南京城市曾作了一些规划。规划以明故宫一带为中央政治区，新街口一带为商业中心区，江苏路一带为花园住宅区，城南和城北为一般住宅区。建造了"中央博物院筹备处"、"中央医院"、"黄埔军官学校"、明故宫机场等几项较大的建筑。1929 年建成中山路和陵园路。当年，孙中山灵柩南下安葬时，即经这条大道。后来又陆续修了几条柏油路。在新街口、大行宫、太平路一带建了一批银行、商场、酒楼和旅馆等。这样，明清以来的南京城区有了一定的改观。

民国时期在南京建都共 23 年，在此期间，有关南京市的都市计划有 7 次。1929 年 12 月《首都计划》正式由国民政府公布。1930 年后，南京城市建设执行的基本是《首都计划》的调整计划。该计划将城市划分为中央政治区、市行政区、工业区、住宅区、商业区、文化教育区共 6 个部分，制定过 7 轮总体规划。

该计划功能分区规划直接影响着南京城市的分区发展，特别是居住分区、大型公共建筑设施布局仍然影响着今天城市的布局：所确定的中山北路、中山东路、中山路"Z"字形干道网体系成为南京主城的骨架，目前主城的主干路系统以此为基础建设而成。

2.3.3　中华人民共和国成立后的南京

中华人民共和国成立初期，南京城市基础设施落后，居住环境恶劣，政府在发展生产的基础上，加强城市建设和管理，制定中心式布局、市区道路网和城市建设由内向外逐步填空补实的发展规划。

从 1952 年起，重点投资建设新住宅，在城市道路建设方面，20 世纪 50 年代初翻建、改建各种路面 109 万 m^2，养护、维修各种路面 46.3 万 m^2。1959 年，新建了北京东路、太平北路，扩建了鼓楼广场、中央路、中山南路、北京西路等。1960 年 1 月开工建设我国建桥史上的巨大工程——南京长江大桥。经过短短 10 余年的建设，南京城市面貌发生了前所未有的巨大变化。

1980 版规划是中华人民共和国成立后南京第一部得到国家正式批准的具有法规性的城市总体规划文件。以圈层式城镇群体的布局构架进行规划建设。以市区为主体，围绕市区由内向外，把市域分为各具功能又相互联系的五个圈层，即中心圈层——市区，蔬菜、副食品基地和风景游览区，沿江 3 个卫星城，3 个县城和两浦地区，大片农田，山林和远郊小城镇，这种布局被概括为"市—郊—城—乡—镇"。

20 世纪 90 年代以来，国家进入深化改革加快发展时期，在 1980 版规划基础上，以区域协调发展的视野，在都市圈范围内，对南京进行了新的规划，1990 版的规划主要思考解决南京的保护(控制)与发展问题。

规划地域范围分为 3 个层次：

(1)城市规划区：市域范围。

(2)都市圈：规划修编的重点地域，构筑形成"以长江为依托，以主城及外围城镇为主体，以绿色生态空间相间隔，以便捷的交通相联系的高度城市化地区"。

(3)主城：长江以南、绕城公路以内的地域，要以内涵发展为主，强化金融、贸易、科技、信息、服务职能，通过优化城市用地结构，大力发展第三产业，重点改善道路交通，加快基础设施建设，提高环境质量，保护古都特色。

如今的南京已经是长江下游地区的经济、文化、金融、商贸中心城市之一，也是一座山水城林交相辉映、古都特色与现代文明融为一体的滨江城市。

总体说来，南京历代城市发展如表 2-1 所示。南京建城布局主要为 4 个阶段：六朝时期，南唐时期，明朝，民国时期。古代都城从选址到规划布局，受周礼营国制度和管子顺应天时地利的建城理论的双重影响。

表 2-1　　　　　　　　　　　　南京城市发展表

朝代	起讫时间	城市及轴线	利用自然地理形势概况
东吴	229—280 年	城市均呈矩形，轴线约南偏西 14°。北极阁与雨花台的连线为轴线	以沿长江幕府山、石头城建立军事堡垒，以北极阁、覆舟山等山脉为依托建业城、宫城；玄武湖南岸建有华丽的园林
六朝	317—589 年	同东吴	城池略扩大，轴线、形态与东吴一致
南唐	933—976 年	城市均呈多边矩形，轴线约南偏西 14°。中华路与雨花台的连线为轴线	城池扩大南移，于洪武路、内桥一带；石头城、秦淮河被包括入城市内

续表

朝代	起讫时间	城市及轴线	利用自然地理形势概况
南宋	1129—1138 年	同南唐	长江河道西移。玄武湖大部分被填埋
明朝	1368—1402 年	城市蜿蜒于山水之间，轮廓似葫芦形，宫城、皇城、都城、外城共 4 层。御道街为轴线，南偏西 5°	西北以长江为天堑，外城将聚宝山、钟山、幕府山等山岗均包纳在内，周长 120km。都城将石头城、狮子山、北极阁、覆舟山等包纳在内，周长 34km。燕雀湖大部分填埋
太平天国	1853—1864 年	同明朝	依钟山形势建军事据点天堡城和地堡城
民国	1927—1949 年	中山路为轴线，从西北延伸至东南。树荫夹道成为南京城重要特色景观	中央路、上海路、太平路等破坏连绵山脉

2.4 河西漫滩的发展与城市化

2.4.1 河西漫滩的形成

河西为长江和秦淮河二者交合处共同作用形成的沉积漫滩。南京地处长江下游河谷冲积平原和低山丘陵的复合部位，上更新世至全新世，长江三角洲的南京至镇江河段，长江河口不断向东延伸，江中沙洲大量涌现，同时不断有合并与靠岸的现象出现，辽阔的江面逐渐束狭。

历史中有记载，吴越时江流偏近南岸，至凤凰山（今城西角）下江水转向北流，由于春秋战国时期长江流域地广人稀，森林覆盖率大，中上游来沙不多。南京处于河口地段，南岸有支流秦淮河自东水向西入江，北岸有支流滁河，支流河口区水面宽阔，比降减小，河床中常易堆积发育心滩、边滩、沙洲。先秦以后，江中沙洲不断涌现、靠岸，江面逐渐束狭。

公元 220 年秦淮河口涨出沙洲白鹭洲。将江水从中间一分为二。晋代长江主流线已北移至白鹭洲外，但内侧夹江仍较宽阔。之后，随着晋室东渡，北方大批人口南迁至长江流域，在山丘岗地地区大肆毁林开荒，导致水土流失，长江南京段河床内沉积作用益盛，白鹭洲更加扩大，江中的洲滩日益增多、增大，河道向多分汊型转化。

隋唐至北宋初期，唐诗和宋代记载证明，夹江仍在石头城下。唐末南京河段主流线已从白鹭洲外侧移至北岸，南岸凸岸部位边滩淤长，沙洲归并，有的洲滩向岸闭合成陆。南宋时长江主流线又南移，长江北岸处于凸岸部位，淤积作用明显。到了宋末，江中沙洲群集，有些洲滩首尾相接。各沙洲的地理位置差不多皆集中在城西南郊江中，众多的洲渚汊道随着时间的推移，主流线摆动变化而发生消长移动、并合、闭岸，成为今日水西门外江东乡的沙洲圩和大片冲积平原，即为现在河西漫滩的雏形。

河西地区的土层分布特征与长江南京段的河道变迁密切相关。图 2-3 展现了历代长江南京河段的河道变迁线路, 秦汉时期长江岸线南移, 隋唐时期至明朝长江主流线北移, 往后又逐渐南移, 形成如今的长江岸线。河西漫滩区受河道变迁等多种因素综合影响而逐步形成, 主要的影响因素包括: 古长江西移, 冰期结束后河流的堆积作用, 河床边界条件, 水文特征与河道冲淤变化, 人类活动影响等(石尚群等, 1990)。在不同时期, 河西漫滩区包含了各种形式河漫滩(河曲型河漫滩、汊道型河漫滩、堰堤型河漫滩、平行鬃岗型河漫滩)的生成、增长, 消减和合并。

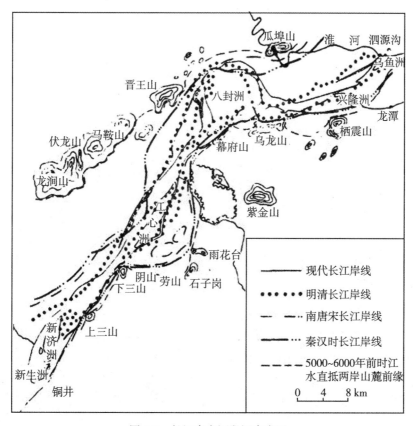

图 2-3　长江南京河段河床变迁

2.4.2　选择河西的原因

20 世纪 80 年代初, 河西还是一个水网密集的江村, 水塘遍布, 住在河西地区的居民大多是农民。依托着秦淮河河西, 沿岸有些小粮仓, 几乎没有什么工业。当时河西只有煤灰和黄泥堆砌成的土路, 直到 20 世纪 80 年代末, 河西才有了最早的一条水泥路: 一条 4m 宽的江东路。

1983 年, 南京市委市政府布置规划局为南湖地区作住房规划, 以安置回宁人员。两年后建成, 南湖成了河西第一个具有现代楼房建筑的地区。此后一段时间里, 河西的规划和建设都是停滞的。1992 年的总规划提出将河西作为城市的副中心, 但这一说法当时并没有引起太多重视。

20 世纪 90 年代初期，河西还是典型的"城乡接合部风貌"。2001 年，南京成功申请十运会举办权，南京市领导意识到，不建新城和新市区，南京的扩展就无从谈起，城市发展就没有出路。然而如果只在城墙内打转，见缝插针搞建设，南京在众多大城市中值得骄傲的古都特色和山水城林个性将丧失殆尽。当时，明城墙范围内的南京主城 43km² 聚集着 150 万的人口，每平方公里人口密度达到 3 万人，这是全国 19 个副省级城市中人口密度最高的。如图 2-4 所示。

图 2-4 10 年前河西奥体中心北片农舍及农田

河西新城距离老城最近，具有相对广阔的发展空间，是南京疏散老城功能、拓展城市空间的首选承载区。河西地区是南京主城最后一块比较完整的新开发用地。其与老城仅一河之隔，距离新街口最短距离仅 2km，河西中部地区的奥体中心距离新街口也只有 7km；河西与老城间有 20 条以上的联系通道，对外向南通过滨江快速路、绕城公路经宁马高速，通向安徽、禄口机场、东山新市区，向西通过纬三路、纬七路和绕城公路三处过江通道与江北地区相连。

建河西新城，为的是保护金陵古都。河西新城是国务院批准设立的中国特大城市的最后一个新区，河西新城将把南京城进一步往长江延伸。

2.4.3 河西新城的崛起

2002 年下半年，河西总体规划和详细的五大项规划出炉了，包括河西中心城区、滨江风光带、北部和中部控制性详细构想等。之后，南京市规划编制处还与河西分局一起分三期陆续制作了河西的《城市设计图导则》。

总体规划中指出，河西形成三大功能定位：一是以文化、体育、商务等功能为主的新城市中心；二是以滨江风貌为特色的主城西部休闲游览地；三是居住与就业兼顾的中高档居住区。如图 2-5 所示。

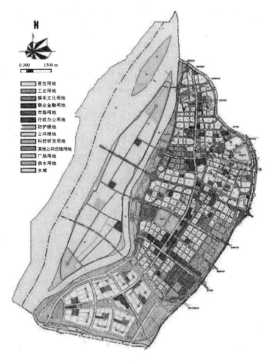

图 2-5　河西总体规划图

　　如今双向 14 车道的江东大道已经替代了当初 4m 宽的江东路，80m 宽的路幅，还设有公交车专用辅道，绿树繁花，美不胜收，被誉为"金陵第一路"。今天的河西大地上已是绿意盎然，河西人均绿化面积 22m^2，是老城的 2 倍；2200 亩的绿博园与城东的紫金山遥相呼应，形成了南京的绿色"双雄"。如图 2-6 所示。

图 2-6　今日的河西新城

2.5　城市化对河西漫滩的利用与影响

有"六朝古都"、"十朝都城"之称的南京,从春秋战国时期开始,就有城邑修建。但直至 20 世纪 80 年代,对于河西地区的规划和建设,始终没有引起南京政府的太多重视,导致河西地区一直停留在"城乡接合部风貌"的状态。1992 年制定的总体规划中提出将河西作为城市的副中心后,河西才开始了新建的步伐,开启了其近 20 年的城市化进程。

综上所述,河西虽然有着近 2500 年的建城史,但河西的开发直到 20 世纪 80 年代才开始,其环境、水文、地貌都没有受到太大改变。所以,下文只考虑分析从 20 世纪 80 年代以来河西城市化进程中对河西漫滩所产生的影响。

2.5.1　城市化对河西漫滩土地利用结构的影响

南京河西漫滩区域作为南京城市副中心的发展区域,其土地利用结构受到城市化的影响显著。相关统计资料显示,1986 年的河西漫滩土地利用主要是以旱地和水田为主,建筑用地仅占 20% 左右,随着漫滩区域的城市化进展,到 2003 年建筑用地增加了两倍之余。可以看出,漫滩区域主要用地转为建筑用地,同时林地也稍有增加。具体变化如图 2-7 所示(图表资料来自吴运金等学者的论文:城市化进程中土地利用变化对区域滞洪库量的影响研究——以南京市河西地区为例)。

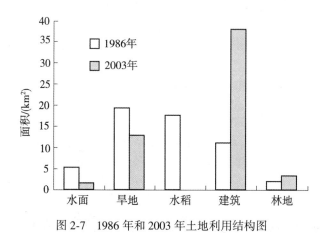

图 2-7　1986 年和 2003 年土地利用结构图

2.5.2　城市化对河西漫滩土地压实程度的影响

在河西城市化进程中,大型建筑物建造需要有稳固的地基,这就需要增加土壤的密度以及其副作用,包括增加强度和降低通透性,即土壤压实。土壤压实通常是使用重型机械完成的。这些设备通常使砂和砾石产生震动,造成土壤颗粒重新定位并形成密集的结构。

根据土壤剖面表层(0~10 cm)的容重及其滞洪库容进行多重比较得到 0~50 cm 深不同压实程度土壤的滞洪库容如表 2-2 所示。

表 2-2　　　　　　　　　　不同压实程度土壤(0~50cm)的滞洪库容

容重/(g/cm³)	压实程度(代码)	总孔隙度/(%)	滞洪库容/(mm)
0.9~1.2	极稀松土壤(1)	>55	194.3
1.2~1.35	正常土壤(2)	50~55	72.0
1.35~1.45	轻度压实(3)	46~50	64.8
1.45~1.55	中度压实(4)	43~46	53.4
1.55~1.65	重度压实(5)	40~43	30.5
1.65~1.8	严重压实(6)	<40	

　　我们将 1986 年和 2003 年采集的河西地区土壤表层容重数据进行逆距离加权插值，根据表 2-2 中不同压实情况的容重范围进行重新归类，矢量化后得到 1986 年和 2003 年这两年的土壤压实状况图。然后将得到的土壤压实状况图分别与 1986 年和 2003 年的土地利用结构图叠加，通过式(2-1)~式(2-6)可以计算不同土地利用类型、不同压实状况的滞洪库容量，针对不同土地利用类型采用不同的计算方法。如图 2-8 所示。

$$W_a = \sum A_i \times h_j/1000 \tag{2-1}$$

$$W_b = \sum B_i \times h_j/1000 \tag{2-2}$$

$$W_c = \sum C_i \times (h_j + 100)/1000 \tag{2-3}$$

$$W_d = \sum D_i \times 500/1000 \tag{2-4}$$

$$W_e = 0 \tag{2-5}$$

$$h_j = \sum (\theta_s - \theta_f) \times 0.1 \times h \tag{2-6}$$

式中：W_a、W_b、W_c、W_d、W_e 分别为旱地、林地、水田、水面、建筑用地的滞洪库容量(m^3)；A_i、B_i、C_i、D_i 分别为第 i 块旱地、林地、水田、水面、建筑用地的面积(m^2)；h_j 为对应的第 j 种压实程度土壤的滞洪库容(mm)。θ_s、θ_f、h 分别为第 j 种压实程度土壤的某土层的饱和水量(%)，田间持水量(%)和深度(cm)；100 为水稻田的平均调蓄洪水深(mm)；500 为水面的平均调蓄洪水深度(mm)；1000 表示将 mm 换为 m。

2.5.3　城市化对河西漫滩土地滞洪库容的影响

　　土壤作为环境中物质循环和调控的中心环节，对水分具有重要的调节作用，可以为动植物的生长提供水分、调节气候，对防洪减灾也有着至关重要的作用，而城市化过程中会改变对土壤的利用方向和利用方式，进而影响土壤理化性质的变化。目前城市区域广泛存在的地表封闭与土壤压实现象，导致土壤水分入渗和短期缓冲功能减弱或丧失，地表径流系数大幅度增加，这是城市洪涝频发的根本原因。我们用一个区域的滞洪库容量(该区域土壤滞洪库容总量与土壤饱和后不同土地利用类型对洪水的调蓄量之和)的变化来说明土地利用变化对生态环境效应的影响。土壤的滞洪库容量的计算公式如下

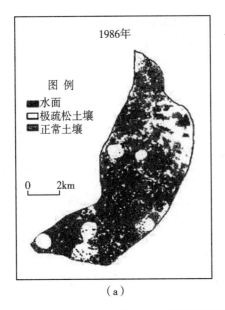
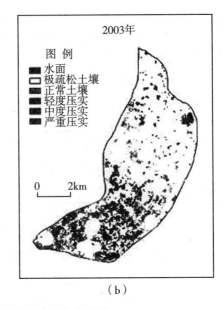

图 2-8 1986 年和 2003 年土壤压实状况图

$$W_t = 0.1 \times \theta_s \times h \tag{2-7}$$

$$W_f = 0.1 \times \theta_f \times h \tag{2-8}$$

$$W_h = W_t - W_f \tag{2-9}$$

$$W_z = \sum W_h \tag{2-10}$$

式中：W_t 为某层土壤的总库容(mm)；θ_s 为饱和含水量(%)；θ_f 为田间持水量(%)；W_f 为某层土壤田间持水量对应的库容(mm)；W_h 为某层土壤滞洪库容(mm)；W_z 为某剖面的滞洪库容(mm)；h 为某层土壤的厚度(cm)；0.1 表示将 cm 换为 mm。

河西新城区四面环水，南北长、东西窄，地势低洼且平坦。随着河西新城区的开发建设，在北部地区，大量的水面已被填埋。保留有河道长度总长约为 63.18km，河道水面面积 732000m²，与未开发之前相比较，河道总长度由 91.83km 减少了 31.2%，河道水面面积由 1254800m² 减少了 41.66%。由此带来的后果是，短短的十几年间，河西漫滩土地总滞洪库容量从 781.7 万 m³ 锐减到 231.3 万 m³，减少了 70.4%，其中因建筑用地面积的增加而减少的滞洪库容总量为 482.15 万 m³，相当于整个研究区域的 86mm 的水深。如图2-9 所示。

因此，在城市化进程中，应该保持一定面积的水域，减少地表的封闭，以此提高区域滞洪库容量，减少城市洪涝发生的概率。

2.5.4 城市化对河西漫滩土地地下水的影响

河西新城的开发分三步进行。第一步，首先发展中部地区。中部地区占地 21km²，主要承担商务办公、文化体育和中高档居住功能，形成新区中心、中高档居住区、滨江休闲

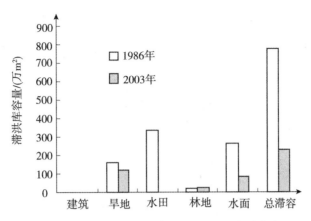

图 2-9　南京市河西地区不同土地利用类型滞洪库容量

地与都市产业园。第二步，整合北部地区。北部地区为整合区，占地 20km²，以中档居住区和鼓楼科技园区为主体。第三步，开发南部地区，实现区域价值。南部地区主体功能为高标准居住区，教育科技产业和休闲健身基地，占地 15km²。

　　南京市为扩大城市规模，建设河西新城，虽然有助于南京城市进一步的扩展，缓解老城区的压力，但也为河西漫滩区带来了不少潜在的隐患。河西新城的发展与扩大，要求更加集中和更大的供水量，而由于城内大范围的人为活动及迅速崛起的人工地貌，城市的地形地貌、水文循环和地下水环境也发生着重大的改变。此外，人类社会与自然环境的平衡也由于城市的扩张而被打破，人居环境逐渐恶化，城市文明的可持续性也受到了损害。

　　河西新城城市化使得漫滩区域的地下水的补给受到了很大的限制。随着河西新城的迅速发展，河西中央商务区一栋栋高层写字楼屹立在河西新城的中央，中高档居民区层层建起，建筑密度大，金融、商务、休闲产业密集。河西还进行了大范围的路网建设，大型道路的改建工程，建造了大量的人造路面及广场。为了保证城市的正常运转与交通便利，降雨大多被汇集到排水沟中排除，能够从土壤表面入渗有效补给地下水的水量很少。此外，河西新城的一大功能定位是以滨江风貌为特色的主城西部休闲游览地，大范围地建设了许多人工绿地，如中央公园、CBD 绿轴、会展中心周边的景观绿化，因此土壤的渗透率较小；由于护堤，铺底等工程措施，河流、湖泊受到人为干扰，大大降低了地下水与地面存水的渗透交流，因此，地面积水对地下水的补给也受到了很大限制。

　　随着工农业的发展，城市及周边地下水的开采量逐年增加，导致地下水位呈逐年下降趋势。在河西的规划图中，河西新城未来将有 5 条地铁穿过，规划有停靠站（含换乘站）超过 20 个，目前地铁 1 号线在中部地区已建成三个站，分别为中胜站、元通站、奥体站，这为市民的出行带来了极大的便利。但这些大型地下设施的修建需要人工降低地下水位，从而加剧了地下水位的降低，使地下水位很难维持在一定的水平上。河西高层建筑密布，相应的地下设施及建筑也遍布其中，如高层建筑地下室、地铁隧道、地下通道以及地下管线等地下设施，地下潜水受到了人为阻隔，从而在一定程度上限制了地下水的流动。

　　城市地下水利用开采及城市设施建设地下水排放都会引起地下水位下降，导致区域或者更大尺度上的地面沉降。城市化后期，城市的生产职能弱化，工业开采地下水和城市建设排水减少，也会导致地下水水位回升。城市在欣欣向荣的同时，各种工业生活污水却在一步步侵蚀着地下水系统。城市工厂污水、人们生活污水，生产生活垃圾、地下污水管道的渗透等都大大恶化了城市地下水的水质，水中污染元素超标，甚至具有腐蚀性，容易对地下结构产生侵蚀。地下水位下降，地下水资源日趋枯竭，地下结构被侵蚀，这不仅加深了水资源危机，而且使得地面沉降漏斗面积不断扩大。地面沉降会毁坏建筑物和生产措施，不利于建设事业和资源开发，给人们的生活和社会与自然的平衡带来了不可估量的损害。如何减少城市化进程对于河西漫滩的生态系统的影响，是我们需要进一步深度思考的问题。

2.6　本章小结

本章就南京城市化的发展进行了详述和分析，首先分析了南京市历代城市化的进展与变化，然后分析了南京河西漫滩的形成与河西西城的发展，最后对城市化进展对河西漫滩的影响进行了分析。本章主要内容和结论如下：

(1)介绍了南京在东吴、六朝、南唐、明朝、清末、民国和中华人民共和国成立后几个重要时期的城市化进展，分析对比了南京在各阶段的文化发展与城市变化。

(2)介绍了南京河西漫滩的形成过程和城市化进程对河西漫滩的利用以及对河西生态环境所造成的影响，包括对土地利用结构的影响、对土壤压实程度的影响、对土地滞洪库的影响以及对土地地下水的影响。

第3章 长江漫滩沉降机理与特征

3.1 地质特征分析

长江漫滩沉积主要分布于北部沿江,于古河道、古冲沟入江口带,根据地形、地势分析,漫滩区域地面开阔、地势低洼、平坦,沉积厚度较大,一般在25~40m之间。依据地面高程、地形、地貌及土层结构及其工程特性可以将长江漫滩划分为长江低漫滩和长江高漫滩两个区域。低漫滩紧邻长江滩涂地带,该区域沉积厚度一般多大于40m,其高程一般在3.0~5.0m,接近多年长江平均水位。高漫滩为滩涂地带向阶地过渡区,沉积厚度一般为25~35m,其高程一般在5.0~8.0m。漫滩地质、地貌的多样性和特殊性,造成不同类型软土的成因、厚度和构成不尽相同。然而从总体上来讲,最终漫滩的生成有相似的过程,都是由于水流趋于平缓,在原有沉积的基础上,间歇性的漫滩软黏土陆续沉积,并经历近千年以来的沿岸筑坝拦洪及人类劳作活动形成现有的地质地貌,因而漫滩软土的地质特征及其工程特性也大同小异。因此,为了方便研究,仅以具有长江漫滩典型地质条件的南京市河西地区为例进行长江漫滩沉降机理与特征分析。

3.1.1 区域漫滩软土成因

河西新城位于南京市主城区西南部,东依外秦淮河、南河,西沿长江,北接下关区三汊河,南至秦淮新河。在地质构造上,南京市河西地区位于长江东侧凸岸,地貌单元上属于长江漫滩,地势低洼宽广,吴淞高程系下地面标高为4.0~7.0m。

南京市河西地区近岸漫滩与贯穿市区自南向北的古河道漫滩一并属于长江河谷平原的组成部分,该区域在漫滩形成初期,地貌形态为丘陵岗地,江心洲一线处在长江河道的中心位置,由于受到湍急水流侧向侵蚀作用,南河及秦淮河以西逐渐成为波涛滚滚的港湾,中心部位切割深度为50~65m,近岸处切割深度为30~45m。每当春夏之际,洪水时期,在集合村一带(雨花台与仓顶之间)及水西门一带(仓顶与冶山之间),市区古河道便与长江合为一体。市区沿古河道沉积物粉土沙土便是洪泛期留下的痕迹。

漫滩后期的生成,由于河道中心向西-西北向方向迁移,水流减缓,水中携带的泥沙缓慢沉积下来,近岸旁边,水流受到阻碍并与部分回流相遇碰撞,使得水流逐渐减慢,形成粉-黏粒的软黏性土沉积环境。在汉中门一带,水流由于受到石头城及清凉山等山丘的层层阻拦,导致主流受到回流的阻碍,使水流速度骤减,泥沙沉积环境骤变。从而在总体上形成以清凉门大街和汉中门大街为分界的三个不同沉积环境:清凉门大街以北,自上而下均为黏性土层沉积;汉中门大街以南主要为砂性土沉积;汉中门大街与清凉门大街之间，为南北二区过渡带。

最终漫滩的生成，主要由于在水系动力发展过程中，泥沙、砂石等物质受到水系迁移运动和蜕化演变作用的影响，在原有沉积的基础上，间歇性的漫滩相悬移细粒物质沉积下来，并经历近千年自然沉积和人类活动形成现有的河西地区地形地貌。

3.1.2　区域地层构造特征

南京市河西地区基本地层结构为典型河流二元相沉积构造，即上部为垂向增长的漫滩相细粒沉积物，下部为侧向增长的河床相沉积物，区内沉积物在垂向上表现为自上而下由细变粗的变化规律，其中漫滩相沉积土层土质极为脆弱，并且与河床相沉积在平面分布上极不均匀，用于基础建设的河西漫滩沉积物特点大体为：软土层厚约 50m，表层为新、老填土和硬壳层，厚度较薄，一般为 2~3m，地表以下大致可以分为上部②—2 淤泥质粉质黏土，土层厚 14~35m；中部②—3 淤泥粉质黏土与粉土互层，埋深 8~35m，层厚 0~33m；下部②—4 粉土粉细砂层。软土层平面分布极不均匀，一些部位缺失②—3 层，一些部位缺失②—4 层。河西地区具体地质情况如表 3-1 所示。

表 3-1　河西地区地质情况表

地层	地层编号	地质土质	厚度	含水性	颜色	地质属性	例　子
①人工填土	①—1	杂填土层	总 2.5~3m	大	杂色	松散	夹较多碎砖、碎石、植物根茎
	①—2	素填土层		小	褐	软塑	结构松散，夹少量碎砖、碎石等、植物根茎
	①—3	淤泥质填土层		中	灰黑	流塑	河、沟、糖底部淤泥
②新近沉积土 Q4	②—1	硬壳层，粉质黏土，黏土层	2m 左右	小	黄色	软塑	压缩性低、强度高；切面光滑，韧性
	②—2	淤泥质黏土层	20m 左右	中	灰黄	可塑	压缩性中、强度底；切面光滑，韧性
	②—3	粉质黏土与粉土互层	10m 左右	中	灰色	流塑	压缩性高、强度低；切面无光泽反应，韧性
	②—4	粉细砂层	7~15m	最大	灰色	密实	压缩性低；含有片状云母，底部夹有少量中砂
	②—5	中粗砂混卵砾石层	2~3m	大	灰色	密实	卵砾石含量 5%~30%，粒径 1~8cm，石英质，磨圆度差

地层	地层编号	地质土质	厚度	含水性	颜色	地质属性	例子
③黏性土 一般黏土 Q3 (河西地区缺失)	③—1	黏土、粉质黏土		微	褐黄	可塑-硬塑;	压缩性低、强度高
	③—2	黏土、粉质黏土		微	褐黄	软塑	压缩性中、强度中下
	③—3	黏土、粉质黏土		微	褐黄	可塑-硬塑	压缩性低、强度高
	③—4	混合土		小	褐黄	密实	压缩性低、强度高
④老黏土 (河西地区缺失)	④—1	岗地、下蜀土		微	褐黄	可塑-硬塑	压缩性低、强度高
⑤岩石	⑤—1	强(全)分化岩石,强风化泥岩	2m左右	微	棕红	泥岩	风化强烈呈砂土状,遇水软化
	⑤—2	中(弱)分化岩石,中风化泥岩	2~60m	无	棕红	极软岩	岩体较完整,岩芯呈柱状
	⑤—3	微分化岩石		无	棕红	软-极软岩	岩体较完整,岩芯呈柱状

注:地质属性分为:松散、流塑、软塑、可塑、硬塑、坚硬。

地层强度由弱到强为:②新近沉积土,③黏性土一般黏土,④老黏土。

3.1.3 漫滩软土工程特性

据上述分析,淤泥质粉质黏土层是河西地区主要漫滩软土层,一般由上部沼泽相淤泥、淤泥质黏土、淤泥质粉质黏土及下部夹砂的淤泥质粉质黏土、软—流塑状态的粉质黏土等组成,其粒度成分主要由粉粒及黏粒组成,呈现自上而下粉粒含量逐渐增多,黏粒含量逐渐减少的变化规律。其物理力学特性是:高含水量、大孔隙比、高压缩性、高灵敏度、低强度与弱透水性等,经过大量的工程实际考察,其详细工程特性总结如下:

1. 含水量、孔隙比、压缩性

表3-2为河西地区淤泥质粉质黏土的含水量、孔隙比、压缩性(压缩系数和压缩模量)等物理指标,从表3-2中可以看出,河西地区淤泥质粉质黏土表现为高含水量、高孔隙比及高压缩性,因此,河西地区漫滩软土作为地基土层时,将会产生较大地面沉降,对于荷载较大的多层砖混结构的基础设施,必须采用人工的方式加固地基。

表3-2   河西淤泥质粉质黏土的含水量、孔隙比、压缩性指标

指标名称	含水量 ω（%）	孔隙比 e	压缩性	
			压缩系数/（MPa^{-1}）	压缩模量/（MPa）
范围	32.3~49.9	1.02~1.38	0.53~1.27	1.78~4.61
平均值	41.3	1.2	0.81	2.95

2. 渗透系数、固结系数

表3-3为河西地区淤泥质粉质黏土的渗透、固结系数，从表3-3中可以得出，河西淤泥质粉质黏土层渗透系数和固结系数较低，导致该地区漫滩软土的透水能力较差，排水固结非常缓慢，因此，在建筑荷载的作用下该地区地基变形持续时间较长，往往需要较长的时间才能稳定，而且容易发生不均匀沉降和过大沉降，工程施工部门在设计上应力求建筑物荷载形体简单和荷载分布均匀，对高层建筑物应设置伸缩缝和沉降缝。

表3-3   河西地区淤泥质粉质黏土渗透、固结系数

指标名称	渗透系数/（cm/s）	固结系数/（cm/s）
范围	10^{-6}~10^{-7}	10^{-2}~10^{-3}

3. 强度、灵敏度

表3-4为河西地区淤泥质粉质黏土的强度（内聚力和内摩擦角）和灵敏度指标，灵敏度是土体保持天然结构状态时的强度与结构完全破坏后的强度之比，反映土的强度由于结构受到破坏而降低的程度，由表3-4可知，河西淤泥质粉质黏土层抗剪强度较低，灵敏度较高，属于中等—高灵敏土，因此，低强度、高灵敏度的工程特性决定了该地区土层易受施工扰动的影响，在施工过程中应采用可靠的护壁措施，如钢筋混凝土护壁、钢套筒护壁。

表3-4   河西地区淤泥质粉质黏土强度、灵敏度指标

指标名称	强度		灵敏度
	内聚力/（KPa）	内摩擦角/（°）	
范围	6.8~13.8	18.1~28.8	3.0~5.5
平均值	10.8	22.5	4.3

4. 蠕变性

蠕变性是指其在固定荷载 P 作用下发生缓慢而长期的变形，次固结系数 C_α 是表征饱和软黏土蠕变性的一个重要指标，河西淤泥质粉质黏土在各级荷载作用下的次固结系数如表3-5所示，1973年Mesri用 $C_\alpha/(1+e)$（其中 e 为天然孔隙比）的数值对土的次固结性进行了划分，如表3-6所示，对表3-5、表3-6进行分析，可以得出河西地区的淤泥质粉质

黏土的次固结性属于低—中等，因此，该土层在主固结沉降完成后还可能继续产生次固结沉降。

表 3-5 河西淤泥质粉质黏土各级荷载下的次固结系数

荷载 P/(kPa)		25	50	100	200	400
次固结系数 C_α	原状土	0.002	0.004	0.007	0.009	0.008
	重塑土	0.003	0.003	0.0035	0.0045	0.004

表 3-6 次固结性分级表

$C_\alpha/(1+e)$	<0.002	0.004	0.008	0.016	0.032	>0.064
次固结性	很低	低	中等	高	很高	极高

3.1.4 区域水文地质条件

河西地区邻近长江及秦淮河，区域水系发育，该区域地下水与长江等地表水体的水力联系较好。根据本地区土层构造及特征、埋藏条件和地下水赋存条件，河西地区地下水包括孔隙潜水和孔隙承压水。

河西地区地下水埋藏线，一般在地表以下 1~2m 处，水量丰富，②—2 淤泥质粉质黏土层含水量大，但透水性相对较差；②—3 粉质黏土与粉土互层和②—4 粉土粉细砂层含水量大，透水性强；②—4 粉土粉细砂层具微承压性。河西地区具体地下水分布如表 3-7 所示。

表 3-7 河西地区地下水分布

地下水类型	赋存土层	水位埋深/(m)	渗透系数/(cm/s)	含水介质
孔隙潜水	近地表填土层	0.6~1.5	10^{-4} 左右	杂填土、素填土
孔隙承压水	河床相的砂土层	2.8	10^{-3} 左右	砂土、局部粉土

3.2 地面沉降分析

地面沉降是一个复杂的、有多种因素综合作用的结果，在我国，地面沉降就所处的地质环境而言可以归纳为三种类型：其一，三角洲平原类型，发生于现代冲积三角洲平原地区，如长江三角洲等。其二，现代冲积平原类型，多发生于几大平原，如亚马逊平原，长江中下游平原等。其三，断陷盘地模式，可以分为近海式和内陆式两种类型，内陆式代表地：陕西西安、山西大同；近海式代表地：浙江宁波。

河西地区作为三角洲平原类型，影响其发生地面沉降的因素主要可以分为自然因素和人为因素两大类。

3.2.1　地面沉降的自然因素

自然因素引起的地面沉降范围大，沉降速率小，沉降过程缓慢，延续时间长。影响河西地区地面沉降的自然因素有软弱土层的自重压密固结，地壳新构造运动，海平面上升等，具体影响过程见以下分析：

1. 软弱土层的自重压密固结

软土层是在地理、环境变换、气候等种种因素综合作用下形成的。软土的分布，按成因一般分为：海相、河流相和湖相沉积土层；各种冲积相形成的土层；人工填土类土层。不同成因的软土，其物质组成，物理力学性质均有一定的差异。河西地区处于我国长江河漫滩平原地带，地势低洼、平坦，水流网络纵横交错，形成了洪冲击的漫滩相软土。河西漫滩相软土层其成分一般是软塑或流塑状的细粒土，如淤泥和淤泥质土，黏性土，粉土等。由于该地区软土层含水量高，随着时间的增长，土层在有效自重应力的影响下，土体逐渐压缩，同时部分孔隙水从土中排出，应力相应传递到土骨架，会产生释水压密固结，从而发生沉降。

2. 地壳新构造运动

地壳新构造运动是指新第三纪以来到现在地球上发生的地壳构造运动，根据新构造运动所产生的形态和它所具有的性质，可以划分为下列几种类型，即大面积的挠曲运动、断块运动、活褶皱和活断层以及地震与火山引起的地壳变形。河西地区西沿长江，受到地壳近期的断陷下降活动的影响，该地区的新构造运动以长期的沉降为主，近期有小幅度的轻微隆起，这种运动通常沉降速率较小，且具有长时间的延续性，往往难以察觉。断陷下降活动主要控制地表沉积环境，其构造下沉的影响范围较大，是人类活动产生地面沉降的前提。

3. 海平面上升

海平面上升导致的地面沉降是指地面标高的相对降低，河西地区位于长江、淮河下游，黄海、东海之滨，是长江三角洲地区的组成部分。与其他因素引起的地面沉降相比较，海平面上升而导致的地面相对下沉一旦发生难以恢复，且对沿海城市造成的危害甚至更大。河西地区可能会由于海平面上升使得海水倒流，洪涝灾害发生以及土地被淹没。

3.2.2　地面沉降的人为因素

随着河西地区经济的发展，人类活动引起的地面沉降在很大程度上占主导地位，尤其是近十几年来，人们通过过度开采地下资源，大规模高层建筑物的建设，大量地下工程施工等活动，由此而诱发的河西地区地面沉降也日趋明显。人为因素引起的地面沉降具有沉降空间小，强度大、沉降速率快的特点，影响河西地区地面沉降的人为因素包括：

1. 地面荷载的增加

近年来，大量学者通过统计与分析认为，不断增加的城市高层、超高层建筑使得地面荷重明显增大，从而引起显著的地面沉降，特别是对于具有深厚软土层的沿海地区。近年来，河西地区城市建设快速发展，兴建了大量高层、超高层建筑，建筑密度和建筑容积率显著提升；另一方面，能源、通信、交通等市政基础设施的相应增加，导致地面动荷载、静荷载引起的沉降效应逐渐明显。河西地区动荷载、静荷载的出现使得地基土层形成一个大面积的应力场，从而加剧河西地区软土层压密固结，使得土体产生压缩变形，导致河西地区地面沉降。

2. 地下工程施工

河西地区随着城市化的进程，诸多深基坑、地铁、地下商场、地下停车场不断开工建设，这些构筑物充分利用了地下空间，缓解了城市交通、空间立交等问题，但其所带来的地面沉降是不可避免的。地下工程施工引起地表变形主要是因为施工所导致的地层损失和施工过程中隧道围岩受到扰动或剪切破坏的岩土体的再固结所造成。一方面，隧道周围的土体在弥补地层损失的同时，引起地层相对移动，此时会发生地表下沉。另一方面，河西地区含水丰富，在含水地层进行地下工程建设，大量的地下构筑物阻碍了地下水的相互流通，造成构筑物周围的地下水水位高度不同，引起地面不均匀沉降。

3. 地下水的开采

抽取地下水资源仅仅是产生地面沉降的外因，松散未固结土体的存在是地面沉降的最根本原因。河西地区地下水丰富，在工程施工过程中，地下水的开采使得土体发生压缩变形，破坏了土体原有的应力平衡，迫使土体出现相对移动，进而延伸到地面变形，形成较大范围的地面沉降。当地下水被抽取后，原先处于平衡状态的含水系统遭到破坏，导致土层的孔隙水压力降低，而相应的有效应力增大，使得土体产生压缩，从而产生地面沉降。

3.2.3 自然因素引起的地面沉降机理

1. 区域地质条件引起的地面沉降机理

受区内继承性特征新构造运动的影响，整个长江三角洲地区形成了沉积凹陷及隆起，构成前第四纪的基本地貌构架。自第四纪以来，长江三角洲地区海陆环境频繁交替，沉积物形成因素较为复杂，黏性土层和砂土层交替出现，而且具有比较显著的变化规律，构成地面沉降的物质基础。河西地区的土层分布特点与长江南京段的河道迁移具有密切关系。中全新世以来，长江南京河段具有河床不断束狭变形，河漫滩平原拓宽增长的演变特点，河床内主要以堆积作用为主，主泓往复多次摆动。河西漫滩区受河道变迁等多种因素综合影响而逐渐形成，主要的影响因素有：古长江向西移动、冰期结束后河流冲积形成的泥沙堆积作用、河床边界条件、人类活动影响等。现今，河西漫滩区在垂向上表现出明显的河漫滩二元沉降构造，在空间上显现出河床沉积物和漫滩相的剧烈变化，从而造成了河西地区地层构造复杂多变的不良工程地质条件

河西地区处于长江与秦淮河之间的长江淤积、冲积漫滩相地带，上面覆盖较厚的土层，土质松软，主要为全新世（Q_4）沉积软黏土和砂土，尤其是上部流塑-软塑的淤泥质粉质黏土，承载力低，压缩性高，孔隙比高。河西地区邻近长江及秦淮河，区域水系发育，该区域地下水与长江等地表水体的水力联系较好。

由河西地区地面沉降的特征可知，河西地质条件影响着河西地区地面沉降，为河西地区易发生地面沉降提供了基础条件。

2. 土体自重作用引起的地面沉降分析

土层会在自身重量的影响下产生压缩下沉的现象。一方面，这与土体本身的应力历史有关系：当土层先期固结压力 P_c 小于该土层现有覆盖压力 P_0 时，也就是超固比 OCR<1，土体为次固结土，在同等条件下，土体压缩性很高，会发生自重固结现象，亦即容易发生地面沉降现象。另一方面，这与土层可压缩性密切相关，土层的压缩是由于土层颗粒间的有效应力导致土层中土体弹性变形和孔隙体积减小，土体孔隙体积的减小由下列因素决定：①黏土的矿物类型；②颗粒的大小；③吸附的阳离子；④温度；⑤间隙电解质的成分和酸度。

根据河西区域相关地质资料，河西地区下伏全新世地层，主要沉积漫滩相的淤泥质粉质黏土，下层夹有沉积软黏土和砂土，由于河西地区土层在沉积过程中没有遭受过区域性的剥蚀影响，因而在土层中不会形成较高的前期固结压力而使土层成为超固结土。这里只是作者做的定性推测，要得到具体的分析结果还要采用钻孔等人为取样进行土体固结试验，从而得到定量的结论。

3.2.4　人为因素引起的地面沉降机理分析

从漫滩地面沉降过程、特征以及影响因素综合分析来看，影响地面沉降因素所占的比重不同，相应地面沉降类型可以分为广义和狭义两种，广义地面沉降是指在自然因素和人为因素共同影响下，引起土层压缩从而整体上表现为地表下陷的地质现象。狭义地面沉降是指人为因素引起的地面标高降低的地质现象。由于自然因素引起的地面沉降量微小，地面沉降速率较小，沉降过程缓慢，因此，目前对地面沉降的研究工作主要围绕人为因素而展开。而人为因素中地下水位的变化和地面荷载的变化又是引起城市地面沉降的主要原因。下面就抽取地下水和城市建设引起地面沉降的机理进行分析。

1. 抽取地下水引起地面沉降

过量抽取地下水会引起松散地层大量释水，进而引起土层的释水压密、固结，产生地面沉降。根据太沙基的有效应力原理，土体内的总应力由有效应力和孔隙水压力组成，分别由土体颗粒和孔隙水共同承担，总体保持平衡状态。大量抽取地下水，土层中水位降低而引起含水层土体孔隙水压力减小，相应的土体颗粒承担的有效应力增加，造成土层被压缩，表现为地面产生沉降。若暂时不考虑水平应力的变化情况，则可以采用太沙基在1924年提出的有效应力以及一维固结理论来解释抽取地下水引起地面沉降的机理。

(1)渗透压力与浮托力的变化

含水层在抽取的过程中，地下水水位随之下降从而导致孔隙水压力的下降，但是黏土隔水层边界处的总应力保持不变，这样必然会引起黏土层相应的土体颗粒承担的有效应力增加，从而引起土层压缩。有效应力主要的变化有铅直方向上渗透压力的变化和浮托力的变化。

1)渗透压力的变化

渗透压力的变化主要是由于黏土层边界处隔水特性引起的，开采承压水层的水时会导致水位下降，此时土层中的孔隙水压力减小，然而黏性土层具有隔水性，其土体内部的孔隙水压力暂时会保持不变，这时在不同土层会产生水力梯度，表现为高水头向低水头处渗流，使得原有土体孔隙水压力的平衡状态受到破坏。伴随着渗流作用土粒骨架受到水施加的渗流力的作用，即土粒骨架受到渗透压力的作用，方向与渗流方向一致，大小如下式表示

$$J = \gamma_\omega \cdot i \tag{3-1}$$

$$\mathrm{d}J = \gamma_\omega \cdot i\mathrm{d}z \tag{3-2}$$

$$i = \frac{\partial H}{\partial z} \tag{3-3}$$

式中：J 为单位体积土颗粒受到的渗透压力；$\mathrm{d}J$ 为单位土体承受的总渗透压力；γ_ω 为水的重度；i 为水力梯度；∂H 为水头变化值；∂z 为该水头变化影响的涂层厚度。

当水头下降 ΔH 时，在压缩层厚度 z 的范围内，土颗粒所受的平均渗透压力为

$$\overline{D}(z) = \frac{\int_0^z \gamma_\omega \cdot i \cdot z\mathrm{d}z}{Z} = \frac{1}{2}\gamma_\omega \cdot i \cdot z = \frac{1}{2}\gamma_\omega \cdot \Delta H \tag{3-4}$$

由式(3-4)可知，当压缩层一端水头降低而另一端水头保持不变时，整个土层的平均渗透压力等于水头的变化值与水重度的一半。

2）浮托力的变化

主要是由于开采承压水层导致水位下降，使得黏土隔水层边界处的孔隙水压力下降，下降的孔隙水压力转移到黏土层的土粒骨架上，从而增加了土体的有效应力，孔隙水压力的减小值就是浮托力的减小值，即可用下式表达

$$\Delta P = \Delta H \cdot \rho_\omega \cdot g \tag{3-5}$$

式中：ΔP 为浮托力的减小值即有效应力的增量；ΔH 为承压水位的降低值；ρ_ω 为水的密度，g 为重力加速度。

（2）黏土层的变形机理

从土的微观上分析，土体受到外界某种作用下导致土颗粒之间空隙的减小以及土颗粒结构重新排列，与土体受外界作用之前相比较，土体的孔隙减小，密度增大，宏观上表现为土层发生压缩，即地面产生沉降。

对于黏性土，其主要成分是黏土矿物，在比较小的应力作用下，黏性土发生不可逆的塑性变形，且具有永久性，这使得其在地面沉降中起着重要的作用。此外，黏性土层还具有弱透水性，地下水水位的变化引起孔隙水压力的变化是需要一定的时间的，因此有效应力的增加和黏性土的压密变形在时间上存在滞后性，滞后的时间与黏土层厚度、透水性相关，一般来讲，厚度越大，透水性越差，滞后时间越长。

（3）含水砂层的变形机理

大量相关研究表明，砂和砾石等一些粗颗粒沉积物，压缩性较小，透水性较强。在应力水平较低的情况下，砂层易发生可逆的弹性变形，即抽取地下水引起水位降低，进而孔隙水压力相应下降，此时颗粒间的有效应力增加使得砂层即刻发生压密变形，当水位回升时，孔隙水压力上升使得有效应力相应减小，砂层的变形以回弹的形式恢复。然而在较高应力作用下，砂层大颗粒被压碎，使得砂层的压缩量显著增加。

此外，抽水排沙也是一种不容忽视的现象，通过调查分析，一些抽水中心存在比较严

重的排沙现象，虽然在钻孔抽水设计上做了大量的改进，排沙现象依然存在，效果不甚明显。漫滩水文地质资料表明，砂层是主要的供水层，排沙现象显著地区会引起较为严重的地面沉降。

2. 城市建设引起地面沉降

随着社会经济的快速发展，大规模的城市建设在河西地区兴建，这是引起河西地区地面沉降加剧的重要原因，在城市建设过程中，地表各类建筑荷载的作用、地下工程施工引起的人为振动作用，建筑工程中对地基勘探不周全等人类活动引起地面沉降。在这些城市建设的影响因素中，城市建筑荷载的作用，特别是大量集中的高层建筑对地质环境影响十分显著，对地面沉降也有较大的影响，下面就城市建筑荷载引起地面沉降的机理进行分析。

在地基土层上建造建筑物时，建筑物的荷载通过基础传递到地基，破坏了地基土层原来的应力平衡状态，产生了地基附加应力，使得地基发生了侧向和竖向形变，竖向形变即表现为地面沉降。

一般情况下，地基土层在自重应力作用下，其变形在地质沉降的历史过程中已经完成，不会继续产生形变，因此建筑物荷载引起地基产生附加应力是地面沉降的主要原因。

土体上部承受建筑物的荷载，并且传递附加应力的规律，同样符合有效应力原理，即土的压缩变形只取决于有效应力的变化。对于饱和土体，土体受外力作用下，土骨架和孔隙水共同承担外力作用，土骨架通过颗粒之间的接触面进行应力的传递，即有效应力，孔隙水通过联通的孔隙水传递所承受的法向应力，即孔隙水压力，饱和土体的压缩过程与超静孔隙水压力消散的过程一致。对于饱和砂土，其透水性好，孔隙体积小，在压力的作用下，超静孔隙水压力很快消散，压缩过程很快完成，但压缩量较小。对于饱和黏土，其透水性较弱，在压力作用下超静孔隙水消散较为缓慢，需要相当长的时间才能完成土的压缩，压缩量较大。例如饱和厚黏性土在建筑荷载的作用下往往需要数年、数十年甚至更长的时间才能完成沉降过程。饱和黏性土超静孔隙水压力消散的过程也称为渗流固结过程，固结所需时间主要取决于土层的所承受荷载的大小与土层的透水性，饱和黏性土的变形速率也主要取决于此。

3.3　地面沉降过程与特征

河西地区地面沉降自产生以来，一直就是困扰该地区的环境地质灾害，已经对该地区社会经济的可持续发展造成了严重的影响。河西地区地面沉降监测结合河西地区地质情况，分两期对河西地区地面沉降情况进行监测和研究，从 2006 年开始至 2008 年底的监测和研究为第一期；根据河西新城规划和建设的需要，2009 年以后的监测和研究为第二期，以期能及时发现河西地区的地面沉降变化情况，并对可能发生的地面沉陷等地质灾害问题进行及时预测。不同于别的地区地面沉降，无论从沉降过程还是沉降形态特征上看，河西地区地面沉降都具有自身的特殊性。

3.3.1 区域沉降过程

随着河西地区的快速发展，特别是近年来大规模的工程建设，河西地区地面承受的荷载不断增加，地下水位变化明显，地面沉降有明显趋势，建筑物不均匀沉降、路面开裂等现象时有发生，根据上述沉降监测系统观测资料成果，可以将河西地区地面沉降变化分为以下几个阶段：

第一阶段，沉降初期，20世纪90年代以前河西地区尚未进行大范围的工程建设，地面开采井较少，20世纪90年代初在河西地区进行了地面沉降监测，从监测数据可以看出1997年以前的地面沉降的速率微乎其微。

第二阶段，沉降发展期，随着河西地区工程建设的全面铺开，地面沉降的速度明显加快。2001年1月至2005年3月的监测数据表明，监测地区沉降明显，43个监测点平均沉降6.8cm，月平均沉降速度为1.4mm，沉降量最大点达36.5cm，月沉降速度为7.3mm。

第三阶段，沉降加速期，2005年至2009年，河西城市建筑物的密度不断增加，高层建筑物层出不穷，能源、通信、交通等市政基础设施也相应增加，同时深基坑、地铁、地下商场、地下停车场等地下工程逐渐增加，2007年8月监测数据中，在2005年基础上，累计沉降量最大值为175.9mm（集庆门西），其中共有8个测点的累计沉降量值超过50mm，从图3-1中可以看出，河西地区沉降中心点为集庆门西，2009年5月监测数据中显示，在2005年基础上，普通水准点累计沉降量最大为262.0mm（集庆门西），其中共有6个测点的累计沉降量值超过100mm，并以滨江风光带和集庆门西为中心的两沉降区之间的沉降量和沉降面积不断增大，逐渐形成以向兴路西为中心的沉降漏斗，如图3-2所示。

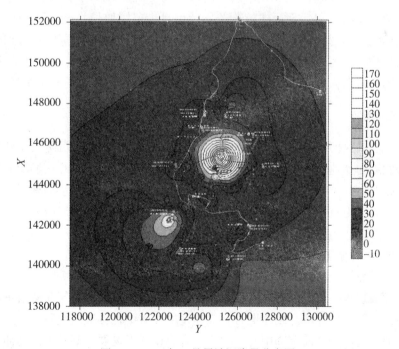

图 3-1 2007 年 8 月累计沉降量分布图

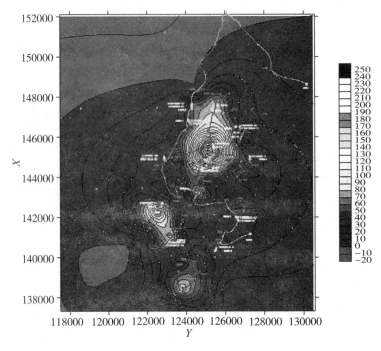

图 3-2　2009 年 5 月累计沉降量分布图

第四阶段,沉降减速期,2010 年以来河西地区工程建设基本完成,从地面建筑荷载调查数据显示,2010 年以后地面建筑荷载累计增量小范围增长,该阶段地面沉降在以前沉降基础上继续小幅度发展,河西地区由于建筑荷载导致的地面沉降问题得到很大程度的缓解,加之市政府在河西地区基础设施的管理方面下了很大的力度,并严格控制建筑物的密度、容积率,所以从 2010 年至今,河西地区地面沉降问题得到了很大程度的改善。

3.3.2　区域沉降特征

前面已经总结,河西地区地面沉降经历了四个不同的阶段,从沉降初期到后来的沉降发展期逐渐发展为加速期到现今的减弱期,河西地区的地面沉降中心从早期的集庆门西到现在的向兴路西。其中向兴路西和滨江风光带无论是规模还是沉降量都有明显变化,并且在原始轮廓的基础上有扩大的趋势。根据沉降监测数据资料分析,河西地区地面沉降的主要特征如下:

1. 与地面荷载增量一致性

根据地面荷载调查结果分析,发现河西地区地面沉降与地面荷载的增加有直接关系,并且许多方面表现为一致性。首先河西地面沉降中心位置变化与建筑荷载增量位置变化表现为一致性,河西地区经济开发初期,基础建设主要集中在集庆门西附近,此时集庆门西逐渐成为了河西地区的地面沉降中心,随着经济建设全面发展,基础建设延伸到向兴路西和滨江风光带附近,此时这两块地区地面沉降迅速,并且向兴路西慢慢发展为河西地区地面沉降中心(见图3-1、图3-2)。其次两者在地面沉降量的大小和地面沉降区域面积有很大的联系,一般来说,河西地区某地荷载增量比较大,那么该地地面沉降量和地面沉降区域面积也相应较大,反之也是这样。

2. 受地下水影响较小

根据河西地区18个地下水位监测孔的数据表明,河西地区受地下水的影响较小,主要体现在整个河西地区地下水位高程变幅较小,个别测点在监测周期中水位高程变幅较为明显,究其原因是附近楼房施工及地铁二号线施工。进一步说明河西地区地下水含水量非常丰富,抽取地下水可以迅速得到长江地下水和地表水的补给,因此,河西地区地面沉降受到地下水的影响相对较小。

3. 地基土层沉降的差异性

河西地区漫滩软土层主要是淤泥质粉质黏土层,据上述分析,该土层具有高含水量、大孔隙比、高压缩性等工程特性,根据分层沉降监测数据分析表明,河西地区地面沉降是深厚软土层受荷载压缩固结的结果,淤泥质粉质黏土层压缩量是河西地区地面沉降最主要的组成部分。

4. 区域沉降漏斗发展的继承性和连续性

河西地区自地面沉降发生以来,无论是沉降量还是区域沉降量面积,地面沉降都是在沉降初期的基础上继续扩大发展,因此河西地区地面沉降的区域及布局均是沉降初期许多年以来多种因素综合影响作用的结果。

3.4 本章小结

本章就长江漫滩地面沉降机理与特征进行了探讨和分析,首先分析了区域地质特征,然后对河西地区地面沉降因素进行分析总结并探讨了地面沉降机理,最后揭示了河西地区漫滩地面沉降过程与特征。本章主要内容和结论如下:

(1)介绍了区域漫滩软土成因、地层构造特征、水文地质条件以及漫滩软土工程特性。

(2)分析了导致河西地区漫滩地面沉降的主要影响因素,针对区域地质条件、土体自重作用、抽取地下水和城市建设四个方面,综合阐述了这些影响因素引起河西地区漫滩地面沉降的机理。

(3)对河西地区漫滩地面沉降过程与特征进行系统分析,结果表明,河西地区地面沉降经历了四个不同的阶段,从沉降初期到后来的沉降发展期逐渐发展为加速期到现今的减弱期。河西地区的地面沉降中心从早期的集庆门西到现在的向兴路西,向兴路西和滨江风光带无论是规模还是沉降量都有明显变化,并且在原始轮廓的基础上有扩大的趋势。

第4章 模型试验与分析

4.1 物理模型试验

河西地区处于长江三角洲入海之前的冲积平原,在这片富饶的土地上,充满活力的大型城市群正在不断崛起。然而,据地质勘查报告显示,河西地区大部分地域位于长江河道漫滩区,地区典型的流塑状淤泥质粉质黏土含水量高,空隙比大,土质极其软弱。因此,建筑物沉降是必须考虑的一个重要因素,然而,对建筑物进行地面沉降的现场监测所需周期长,耗资巨大,而且现场环境随时间变化较大,影响监测结果的因素较多,难以保证监测资料的准确性。通过物理模型试验进行建筑物对地面沉降影响研究是一种行之有效的手段,借助模型试验,对长江漫滩典型地质条件下建筑物对地面沉降的影响进行模拟,主要探讨不同建筑物重量下漫滩各土层的变形规律。

4.1.1 模型地基土层选择

模型试验原型是某建筑物群,单体建筑物实际平面尺寸为 12m × 12m,12 层,高度为 30m,相邻建筑物的距离定为 20m,试验采取铁块加载的方式模拟建筑荷载。试验地基为长江漫滩典型地质土层,长江漫滩区上部广泛分布淤泥质土、软土、稍密粉土,地层厚度变化较大,长江漫滩区软土厚度一般可达 10~30m,中部一般为稍-中密粉土、粉砂层,为全新世海侵盛期沉积层,厚度一般较大,下部主要为早全新世中密-密实粗粒砂土。漫滩典型土层自上而下分别为杂填土、粉质黏土、淤泥质粉质黏土、粉质黏土夹粉土、粉砂夹粉土、粉细砂,所取土层力学物理参数如表 4-1 所示。土层模型按相似比例 1/50 进行模拟(按相似比例后土层厚度为 536mm),端桩持力层为第 5 层粉砂夹粉土层,相似比例后试验模型剖面如图 4-1 所示。

表 4-1   漫滩典型地质土层的力学物理参数

地层名称	厚度/(m)	孔隙比	液性指数	压缩模量/(MPa)	承载力/(kPa)	含水量/(%)
杂填土	1.4					18~22
粉质黏土	1.6	0.75~1.00	0.6~0.9	3.5~5.5	80~120	25~33
淤泥质粉质黏土	5.3	1.00~1.50	1.0~1.4	2.3~3.6	60~70	36~58
粉质黏土夹粉土	4.1	0.80~1.00	0.7~1.1	3.5~5.5	80~100	26~36
粉砂夹粉土	3.8	0.75~1.00	0.8~1.2	5.0~9.0	90~130	28~35
粉细砂	10.6	0.65~0.85		10.0~20.0	160~220	22~30

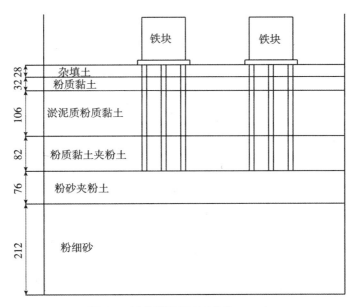

图 4-1 试验模型剖面（单位：mm）

4.1.2 试验模型制作

模型承台按相似关系尺寸为 10cm × 10cm × 1cm（长 × 宽 × 厚），模型基桩桩身截面为圆形，半径为 5mm。4 个单桩成正方形排列，桩距是桩径的 5 倍，桩长 248mm，模型承台和模型桩基础均采用各向同性、均质的钢材料，桩基础模型如图 4-2 所示，按相似关系制作地基模型箱，底面为正方形，尺寸为 0.8m×0.8m，高为 0.65m，模型箱由钢板焊接而成。为了监测不同土层的变形情况，在各个土层表面布置沉降标进行分层沉降的观测。试验模型平面布置及沉降标位置如图 4-3 所示。

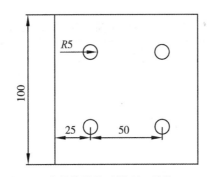

图 4-2 建筑物桩基础模型（单位：mm）

4.1.3 试验条件

本试验考虑 3 种不同建筑物重量条件，分 3 组进行，每组只改变建筑物的重量，控制

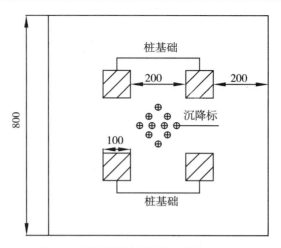

图 4-3 试验模型箱平面图（单位：mm）

其他条件不变。

方案初步设计时，普通单体建筑物荷载的基础附加应力计算可以近似采用

$$\sigma = \gamma_G \alpha s \omega N_s \qquad (4\text{-}1)$$

式中：σ 为附加应力；γ_G 为竖向荷载分项系数，荷载分项系数是在设计计算中，反映了荷载的不确定性并与结构可靠度概念相关联的一个数值，综合本试验条件，此处取 1.2；α 为考虑地震作用产生的轴力放大系数，一般为 1.2~1.4；s 为柱的楼面负载面积；ω 为单位面积上的竖向荷载，框架及框架—剪力墙结构取 $\omega = 12 \sim 14 \mathrm{kN/m^2}$，剪力墙和筒体结构取 $\omega = 14 \sim 16 \mathrm{kN/m^2}$；$N_s$ 为柱截面以上楼层层数。

根据式(4-1)可以确定单层建筑荷载产生的附加应力约为 18kPa，建筑荷载模型的基础面积为 10cm × 10cm，经计算可得出 0.15kg 的单层楼荷载产生的附加应力约为 18kPa。试验考虑层数为 10 层，18 层，24 层三种情况下建筑物条件，建筑物重量计算结果如表 4-2 所示。

表 4-2　　　　　　　　　模型试验中建筑物重量计算结果

层数	单层楼质量/（kg）	总质量/（kg）
10	0.15	1.5
18	0.15	2.7
24	0.15	3.6

4.1.4 试验步骤

（1）在铺土之前将模型箱四壁先刷一层防锈漆，再刷一层油漆，最大程度地降低边界效应。

（2）将现场取回的试验用土均匀铺在模型箱中，确保每个土层在同一水平面上，通过称重的方式控制其含水量，在铺土的同时安置沉降标，各土层表面安置 2 个沉降标，并在地基模型箱边缘设置 3 个基准点。

（3）让模型土层自然固结，每天用水准仪观测一次，两次水准仪观测数据基本稳定时，表示模型地基土固结基本完成。

（4）将桩基模型压入已固结的土层中，在模型承台上放入建筑荷载模型，分别在建筑荷载模型、土层表面安置碎步点，作为水准测量的监测点，每天用水准仪观测一次。

（5）对建筑荷载和土层碎部点进行监测，记录各个测点的测量值，将测量得到的数据进行处理与分析。

4.2 物理模型试验数据分析

4.2.1 不同建筑物重量下各土层沉降规律

根据模型试验沉降监测数据，将每层的沉降量减去下一层的沉降量，就可知该层的压缩变形值。分别作出不同建筑物重量下各土层曲线变形曲线（如图4-4所示）及不同时刻各

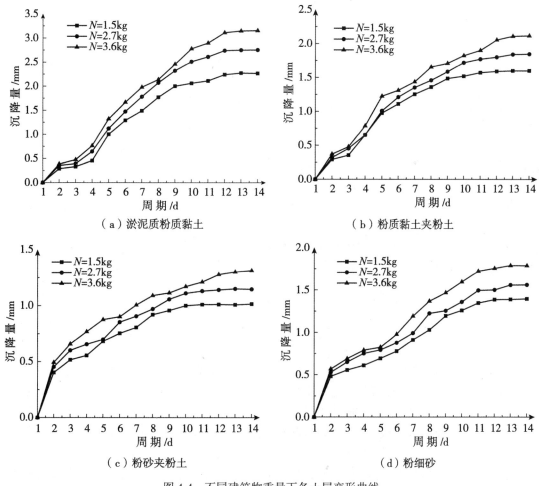

图4-4 不同建筑物重量下各土层变形曲线

土层变形比例，变形比例为该时刻土层的压缩量与土层总沉降量之比，如图 4-5 所示。表层杂填土和粉质黏土层土层厚度较薄，沉降相对较小，本书不作比较，仅作出淤泥质粉质黏土、粉质黏土夹粉土、粉砂夹粉土及粉细砂的沉降曲线及变形比例统计图（d 表示天数）。

　　由图 4-4 可知，随着建筑物重量的增加，各土层的沉降量逐渐增加，且增量较为明显，因此应合理控制建筑物层数，确保漫滩各土层沉降量控制在合理的范围。

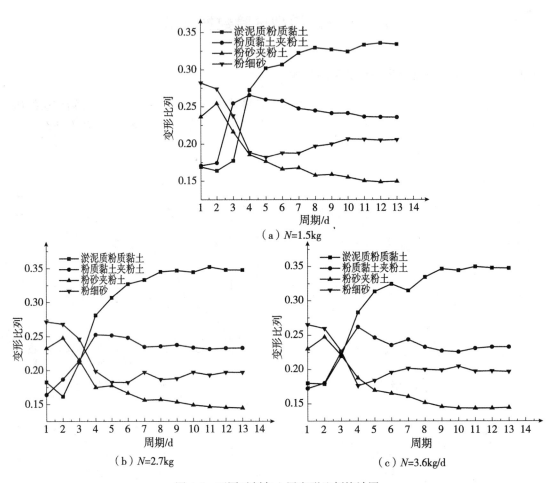

图 4-5　不同时刻各土层变形比例统计图

　　由图 4-5 分析可得，淤泥质粉质黏土和粉质黏土夹粉土在荷载施加的初始阶段，变形较为缓慢，明显小于粉砂夹粉土层和粉细砂层，随着土体固结的进行，变形量较大，土体固结时间较长。粉细砂层几乎不受建筑荷载桩基础扰动的影响，但其厚度较大，位于最底层，受到土层本身和建筑荷载施加的附加应力影响，初始阶段超过淤泥质粉质黏土和粉质黏土夹粉土层，变形速度较快，土体固结时间明显小于淤泥质粉质黏土和粉质黏土夹粉土层。粉砂夹粉土为端桩持力层，受到建筑荷载桩基础的影响较大，初始阶段变形较大，超过淤泥质粉质黏土和粉质黏土夹粉土层，土体固结完成较迅速。

4.3 数学模型试验

4.3.1 模型建立

有限元 ANSYS 是基于有限单元法的大型通用仿真计算软件，能够很好地分析土体的非线性力学性能及土体的本构模型关系，迄今为止，因其自身的优越性，现已被许多国家广泛接受并使用，尤其是在世界范围内的各个工程领域该分析软件更是享有极高的盛誉。采用 ANSYS 计算软件对模型试验进行模拟分析，建立地基土层与建筑物模型进行三维有限元数值分析。承重土层模拟长江漫滩典型地质土层，各土层物理力学参数如表 4-3 所示。

表 4-3   漫滩典型地质土层的力学物理参数

土层名称	压缩模量/(MPa)	泊松比	密度/(g/cm³)	厚度/(m)
杂填土	3.8~6.0	0.4	2	1.4
粉质黏土	3.5~5.5	0.4	1.92	1.6
淤泥质粉质黏土	2.3~3.6	0.4	1.83	5.3
粉质黏土夹粉土	3.5~5.5	0.4	1.9	4.1
粉砂夹粉土	5.0~9.0	0.35	1.78	3.8
粉细砂	10.0~20.0	0.36	1.8	10.6

承台几何尺寸为 10m × 10m × 1m，其泊松比为 0.26，弹性模量为 20GPa，密度为 2500kg/m³。土体、承台假定为各向同性弹性材料，采用 SOLID45 单元模拟(SOLID45 单元为 3-D 实体，适用于三维实体结构模型)。ANSYS 中三维建模如图 4-6 所示。

4.3.2 网格划分

为模型划分网格时，桩基础采用自由网格划分，除了端桩持力层粉砂夹粉土层采用自由网格划分外，其他土层采用扫掠网格划分。桩基础有限元模型如图 4-7 所示，整体有限元模型如图 4-8 所示。

4.3.3 接触面的设置

接触问题一般分为两种基本类型：刚体—柔体接触，柔体-柔体接触。刚体-柔体接触问题中，接触面的一个或多个被当做刚体。与其接触变形体相比较，有大得多的刚度，一般情况下，一种软材料和一种硬材料接触时，可以假定为刚体-柔体的接触。采用面对面离散方法，由于桩刚度比土体的刚度大，这里将桩面设为主控面，土体设为从属面。

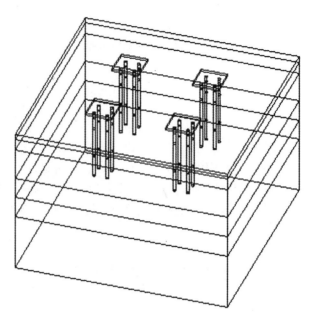

图 4-6　桩基础—土三维实体模型

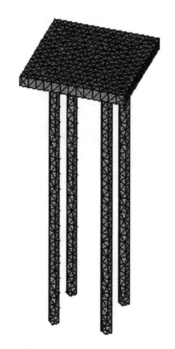

图 4-7　桩基础有限元模型

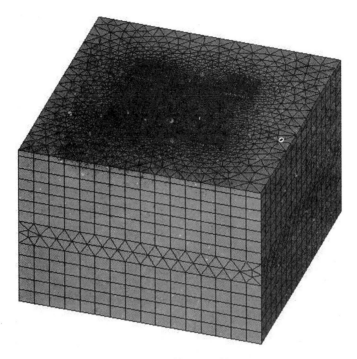

图 4-8　整体有限元模型

　　将桩-土接触面上的法向力学模型设置为刚体-柔体的接触，即只有当二者在压紧的条件下才能传递法向压力 p，当两者之间存有空隙时不传递法向压力。

　　桩-土界面上的切向力学模型选用 Coulonmb 定律，摩擦特性为 Penalty，即摩擦力小于极限值 τ 时，接触面处于黏结状态，当摩擦力增大到 τ 时，接触面产生相对滑动。

　　采用接触向导创建接触对，由于土的摩擦角相差不大，桩土的摩擦系数统一取为0.3。承台和承台底面土接触对如图 4-9 所示。

图 4-9　承台和承台底面土接触对

4.3.4　加载和求解

建筑荷载是在土层自重固结完成后施加的，因此仅考虑建筑荷载产生的附加应力对土层的影响而不计土层本身产生的变形，设置土的容重为 0，并将荷载转化为均布面荷载施加于承台面上。计算模型边界条件为底面、侧面法向约束，在 Y 方向加重力加速度 g = $10\mathrm{m/s^2}$（即在垂直方向施加荷载）。施加边界条件三维模型图如图 4-10 所示。

图 4-10　施加边界条件三维模型图

4.4　数学模型试验结果分析

4.4.1　普通单体建筑荷载对地面沉降的影响

针对长江漫滩典型地质条件，从普通单体建筑物出发，采用有限单元法，考虑土体、承台及建筑荷载等因素对地面沉降的影响，并对建筑荷载作用下沉降影响范围进行了初步探讨。

1. 土体弹性模量对地面沉降的影响

在其他参数保持不变的情况下，重点研究土体弹性模量对地面沉降的影响。承台弹性模量取为 20GPa，将第一层杂填土的弹性模量逐渐增大，分别取为 5MPa、10MPa、15MPa、20MPa、25MPa、30MPa、35MPa、40MPa、45MPa、50MPa，建筑荷载为5000kN。由 ANSYS 进行模拟计算，得到一系列计算结果，建筑物随土体弹性模量的变化沉降曲线如图4-11所示。

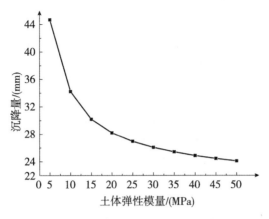

图 4-11　土体弹性模量—建筑物沉降曲线

由图 4-11 可知，随着土的弹性模量逐渐增大，建筑物沉降逐渐降低，其减小速率也逐渐减小。当土的弹性模量增大到一定程度时，建筑物沉降几乎不变，如当土体弹性模量由 5MPa 变化到 30MPa 时，建筑物沉降由 44.662mm 降至 26.082mm，变化量为18.580mm，而土体弹性模量由 30MPa 变化到 50MPa 时，建筑物沉降由 26.082mm 降至24.108mm，变化量仅为 1.974mm。这说明，土体弹性模量在一定范围内增大时，可以减少建筑物沉降，但过大效果不显著。

2. 承台弹性模量对地面沉降的影响

其他参数保持不变的情况下，重点考虑承台弹性模量对地面沉降的影响。建筑荷载为5000kN，将承台的弹性模量逐渐增大，分别取为 1GPa、3GPa、5GPa、10GPa、15GPa、20GPa、25GPa、30GPa、35GPa、40GPa、45GPa 进行计算。不同承台弹性模量下建筑物沉降曲线如图 4-12 所示。

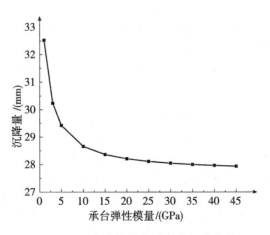

图 4-12　承台弹性模量-建筑物沉降曲线

　　由图 4-12 可以看出，建筑物沉降曲线随承台弹性模量逐渐增大变化不明显，当承台弹性模量增大到 15GPa 以上时，建筑物沉降几乎变成一条平稳水平直线。而且承台弹性模量从 1GPa 增加到 45GPa 时，建筑物沉降从 32.524mm 变为 27.934mm，降幅仅为 4.59mm。从以上可以看出，只要承台满足稳定性、足够强度要求即可，承台弹性模量对建筑物沉降影响甚微。

　　3. 建筑物荷载大小对建筑物沉降的影响

　　承台弹性模量取为 20GPa，在计算过程中，建筑物荷载逐渐增大，依次取为 1000kN、2000kN、3000kN、4000kN、5000kN、6000kN、7000kN、8000kN、9000kN、10000kN，其他土体相关参数如表 4-3 所示。得到建筑物沉降随荷载增大变化关系，如图 4-13 所示。

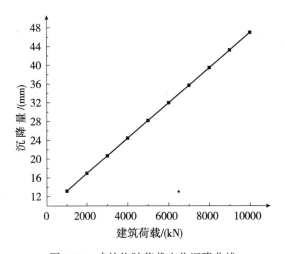

图 4-13　建筑物随荷载变化沉降曲线

　　由图 4-13 可以看出，对于均质地基土，随着建筑荷载的增加，承台工作处于线性状态，建筑物沉降曲线呈直线形式。表明建筑物在荷载增量相同情况下，沉降增量相同，因此，应经济合理地控制楼层高度，保证建筑物沉降量在国家标准允许范围之内。

　　4. 普通单体建筑物的影响范围分析

　　取土层表面中心为坐标原点，根据 ANSYS 计算结果，得到普通单体建筑荷载对漫滩地面水平影响范围沉降等值线，如图 4-14 所示。距建筑物中心不同水平距离土体沉降曲线如图 4-15 所示。普通单体建筑荷载对漫滩地面深度影响范围沉降等值线如图 4-16 所示。距建筑物中心不同深度土体沉降曲线如图 4-17 所示。

　　从图 4-14、图 4-15 可以得出，建筑物中心区域的土体沉降最大，随着水平距离的增大，土体沉降量逐渐减小，直至为零，表明单个、分散的建筑物，其自身水平影响范围是有限的，并且可以看出建筑物对地面沉降的水平影响范围稍大于 2 倍建筑物宽度，因此在离建筑物一定水平范围处其沉降不能忽略不计，而其对在此范围外的点产生的影响可以忽略。随着建筑荷载的增大，其水平影响范围几乎不变，但在其影响范围一定水平距离内，建筑荷载越大，对该处土体产生的沉降越大，之后沉降变化量逐渐缩小。如建筑荷载从

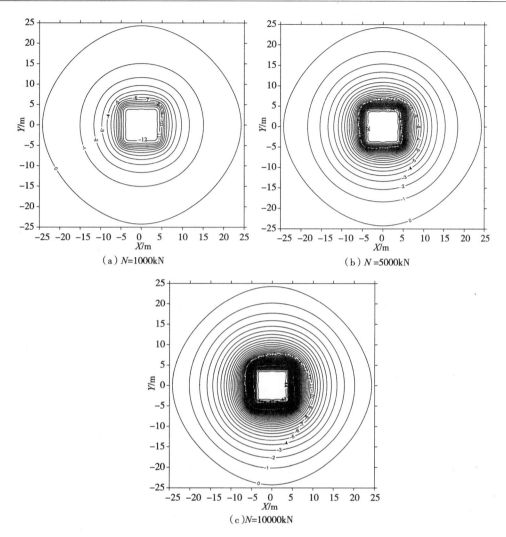

（a）N=1000kN

（b）N=5000kN

（c）N=10000kN

图4-14　普通单体建筑荷载水平影响范围沉降等值线

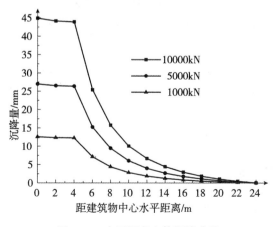

图4-15　水平距离土体沉降曲线

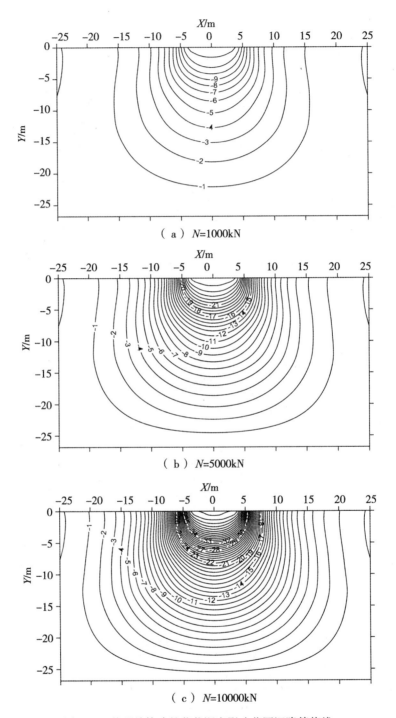

（a）N=1000kN

（b）N=5000kN

（c）N=10000kN

图 4-16 普通单体建筑荷载深度影响范围沉降等值线

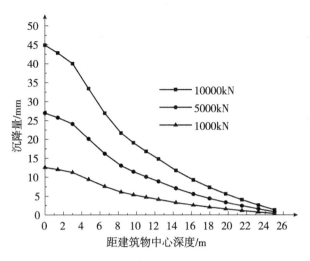

图 4-17　不同深度土体沉降曲线

1000kN 增大到 10000kN 时，在距建筑物中心 8m 内，两者差值均超过 10mm，同样的建筑荷载从 1000kN 增大到 10000kN 时，在距建筑物中心 20m、22m、24m 处，两者对土体产生的沉降量分别为 0.29487mm、0.13041mm、0.011432mm 和 1.0534mm、0.46616mm、0.041357mm，变化量为 0.75853mm、0.33575mm、0.029925mm，都不超过 1mm，这表明在建筑物影响范围内，随着距离增大初期，大小不同建筑荷载对土体产生的沉降差异较大，之后沉降差异越来越小，总体呈减小的趋势。

　　由图 4-16、图 4-17 可知，建筑荷载预压下地基土层中沉降量在浅部土层最大，随着深度的增加沉降量减小，直到对某深处土体影响忽略不计，表明单个建筑物深度影响范围是有限的。且可以看出对于同一建筑荷载，在一定程度上其深度影响范围大于水平影响范围。在影响范围内距离增大的初期，土体沉降在深度方向的衰减较水平方向更为缓慢，达到某一临界值，在深度方向沉降衰减较为迅速。随着建筑荷载的增大，其深度影响范围有增大的趋势，如对于深度 25.03m 处的土体，建筑荷载 1000kN 和 10000kN 对其产生的沉降分别为 0.36589mm、1.3039mm，两者差异几乎为 1mm，且这种差异随着荷载的增大越来越大，因此建筑物的深度影响范围随建筑荷载的增大有增大的趋势，也从另一方面说明，在一定程度上其深度影响范围较水平影响范围更大。

4.4.2　大量集中建筑荷载对地面沉降影响

　　采用有限元分析软件 ANSYS 对大量集中建筑荷载作用下的地面沉降规律进行分析，重点探讨相邻建筑物间距不同时对建筑物沉降的影响以及相邻建筑物间距不同条件下建筑物对漫滩地面的影响范围。

　　1. 建筑物间距对建筑物沉降的影响

　　保证其他条件不变，只考虑建筑物间距 L 对建筑荷载沉降的影响，分别取为 2m、4m、6m、8m、10m、12m、14m、16m、18m、20m、22m、24m、26m、28m、30m、32m

进行计算，将各种工况下，建筑物沉降量整理如图 4-18 所示。

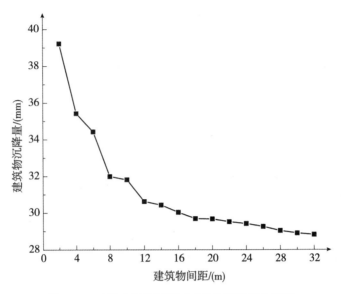

图 4-18 不同建筑物间距下建筑物沉降量曲线图

由图 4-18 可知，随着建筑物间距的增大，建筑物最大沉降量逐渐减小，当建筑物间距增大到某个临界值时，建筑物最大沉降量趋于稳定的沉降值。且可以看出，在间距增大的初期，最大沉降量变化较为迅速，达到临界值后继续增大间距，建筑物最大沉降量变化趋于平缓。如建筑物间距从 2m 增大到 12m 时，建筑物最大沉降量分别为 39.218mm 和 30.621mm，变化幅度为 8.597mm，而建筑物间距为 32m 时建筑物最大沉降量为 28.824mm，建筑物间距从 12m 变化到 32m，建筑物最大沉降量仅仅相差 1.797mm。此外，在建筑物间距较小的情况下，建筑物容易产生不均匀沉降，且建筑物间距越小，不均匀沉降越明显。因此，应合理控制建筑物间距，避免建筑物发生不均匀沉降和过大沉降。

2. 大量集中建筑物影响范围分析

根据各工况的计算结果，得到不同间距情况下建筑物水平影响范围沉降等值线如图 4-19 所示，建筑物深度影响范围等值线如图 4-20 所示。

由图 4-19 可以看出，建筑物中心区域土体受到建筑荷载的影响最大，沉降量也最大，随着距建筑物中心距离的增大，土体沉降量逐渐减小，直至某处土体不受建筑物荷载的影响。且由图 4-19 可知在建筑物中心区域附近，沉降量等值线较为密集，距建筑物中心较远区域，沉降等值线较为稀疏，这表明，土体沉降量在建筑物中心区域衰减较迅速，随着距建筑物中心距离的增加，土体沉降量衰减速度越来越缓慢。此外，在水平方向上由建筑荷载引起的地面沉降在建筑物之间会产生相互叠加，增加建筑物间距可以减小叠加效应，使得地面土体沉降量明显降低。

由图 4-20 可知，建筑物荷载作用下浅部地基土层沉降量最大，随着深度的增大土体沉降量逐渐减小，直至某深处土体不受建筑荷载的影响。且可以看出，深度影响范围沉降

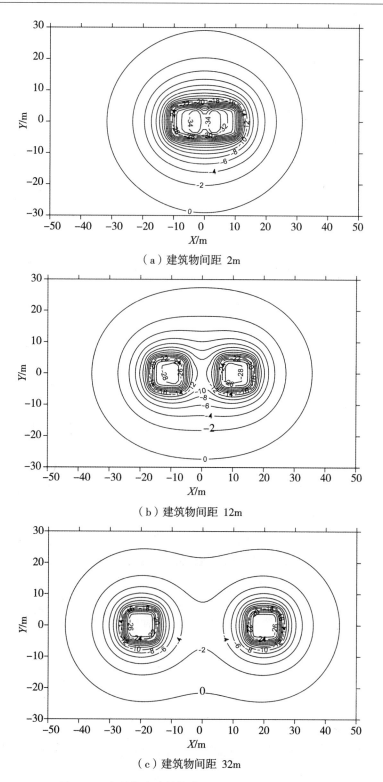

（a）建筑物间距 2m

（b）建筑物间距 12m

（c）建筑物间距 32m

图 4-19 大量集中建筑物水平影响范围沉降等值线

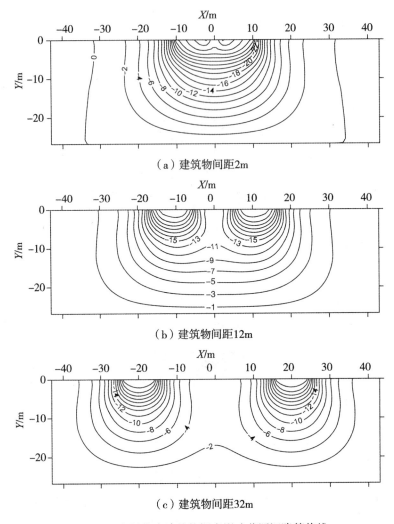

（a）建筑物间距2m

（b）建筑物间距12m

（c）建筑物间距32m

图 4-20 大量集中建筑物深度影响范围沉降等值线

等值线较均匀，层次感较强，表明土体沉降量在深度方向总体上较水平方向变化较为平缓。同样的，在深度方向由建筑物引发的土体沉降在建筑物之间会产生叠加，建筑物间距越小，叠加效应越明显。增大建筑物间距可以减小建筑物之间地基变形的叠加效应，且可以降低土体沉降，但当建筑物间距增加到一定程度时，相邻建筑物可以看成单个、分散的建筑物。对于本模型而言，建筑物间距达到 32m 时，再增大间距，土体沉降量变化幅度不大，控制地面沉降效果不显著。

4.5 物理模型试验与数学模型对比分析

用 ANSYS 求解器对建筑物模型进行计算，并对模拟结果进行分析。表 4-4 为物理模型试验实测值与数学模型计算值对比表。

表 4-4　　　　　　　　　物理模型试验实测值与数学模型计算值对比表

建筑物质量/(kg)	试验实测值/(mm)	有限元计算值/(mm)
1.50	6.78	6.703
2.70	7.93	7.723
3.60	9.08	8.981

由表 4-4 可知，按照数学模型方法获得的不同重量建筑物沉降量与模型试验实测值基本相近，需要说明的是，有限元模拟计算时设置土的容重为 0，即模拟建筑荷载是在土层自重固结完成后施加，不再考虑土层自重产生的沉降，仅计算筑物荷载对土层的影响，然而在物理模型试验的过程中，存在地基土层自重产生的较小沉降量，因此，物理模型试验相对于数学模型计算结果稍微偏大。通过数学模型计算模拟结果与物理模型试验对比分析，验证了物理模型试验的可行性和准确性。

4.6　本章小结

本章针对长江漫滩典型地质条件，通过设计模型试验和利用有限元计算软件对模型试验进行对比分析，探讨了不同重量建筑物条件下漫滩各个土层的变形规律，分析了土体、承台及建筑荷载等因素对地面沉降的影响，对建筑荷载作用下沉降影响范围进行了探讨。本章的主要结论如下：

（1）单个、分散的普通单体建筑物，其自身水平和深度影响范围是有限的，在一定程度上其深度影响范围较水平影响范围更大。随着建筑荷载的增大，其水平影响范围几乎没有发生较大的改变，而其深度影响范围有增大的趋势。

（2）增加建筑物间距可以降低土体沉降，但当建筑物间距增加到一定程度时，相邻建筑物可以看成单个、分散的建筑物，再增大间距，土体沉降量变化不大。

（3）按照有限元方法获得的建筑物沉降量与模型试验实测值基本吻合，基于有限元计算结果验证了模型试验的可行性和准确性。

第5章　InSAR 监测技术及其应用

5.1　星载 InSAR 监测技术

5.1.1　变形监测方法

传统的变形监测方法可以分为地面测量、空间测量、摄影测量、地面三维激光扫描和专门测量四类。地面测量的方法精度高、应用灵活，适用于各种变形体和监测环境，但野外工作量大；空间测量技术可以提供大范围的变形信息，但受观测环境影响大，如在山区峡谷，GPS 卫星的几何强度差，定位精度低，有些地方则多路径影响大，定位结果不可靠；与前两种方法相比较摄影测量外业工作量少，可以提供变形体表面上任意点的变形，但精度较低，地面三维激光扫描技术遥测的距离有限(小于 1 km)，变形监测固有误差达数毫米，且随着遥测距离的增大精度急剧降低；专门测量手段相对精度较高，但仅能提供局部的变形信息。近些年来，合成孔径雷达技术为变形观测开辟了一条新的道路。

地表形变监测是进行地表形变分析研究并采取相应的防治对策的重要基础。随着科学技术的进步，地表形变监测从以往的以光学水准测量为主，逐步采用 GPS 技术，进而以 InSAR 为主要方式，从而在监测范围、监测实效等方面都有了显著的提高。合成孔径雷达干涉(synthetic aperture radar interferometry, InSAR)技术可以全天时、全天候、高精度地进行大面积地表变形监测，是近些年来迅速发展起来的微波遥感新技术。尤其适用于传统光学传感器成像困难的地区，现已成为地形测绘、灾害监测、资源普查、变化检测等许多微波遥感应用领域的重要信息获取手段。合成孔径雷达干涉测量(InSAR)技术成功地综合了合成孔径雷达成像原理和干涉测量技术，该技术能利用传感器的系统参数、姿态参数和轨道之间的几何关系等精确测量地表某一点的三维空间位置及微小变化。尤其是在最近十多年来，InSAR 技术取得了重大突破，一般理论问题趋于解决，已成为雷达遥感领域中引人瞩目的重要分支。

5.1.2　InSAR 技术

1. 合成孔径雷达成像

合成孔径雷达分别利用脉冲压缩技术和合成孔径技术来提高雷达的距离向和方位向分辨率。合成孔径雷达一般采用侧视成像方法，其成像空间几何关系如图 5-1 所示，雷达扫描线和水平面之间的夹角 ϕ 称为倾斜角；雷达波束中心与竖直方向的夹角称为雷达视角 θ，一般 $\theta = 20° \sim 55°$，雷达到地面目标点的距离 R 称为斜距。星载 SAR 系统沿平行于地面的轨道做匀速运动，由雷达天线在垂直于飞行轨道的方向上对地面发出特定频率的无线电波，其在地面上的印迹称为波束脚印，波束脚印在地面上形成的成像条带称为刈幅，雷达波遇到地面物体时被散射，其中部分散射信号会被反射回雷达天线，把这部分信号按一定顺序记录下来就形成了原始雷达影像数据。用于干涉处理的 SAR 影像是单视复数影像（Single Look Complex，SLC）。雷达图像用复数的形式来表示，每一个像元由实部和虚部两部分组成，由它们可以计算各点的幅度和相位信息。

幅度计算式为

$$I = \sqrt{\text{Re}^2(u) + \text{Im}^2(u)} \tag{5-1}$$

相位计算公式为

$$\varphi = \arctan \frac{\text{Im}(u)}{\text{Re}(u)} \tag{5-2}$$

式中，$\text{Im}(u)$ 和 $\text{Re}(u)$ 分别是虚部和实部，ϕ 的数值在 $(-\pi, \pi)$ 的范围内。

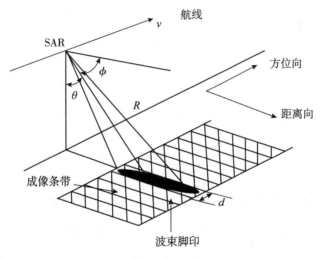

图 5-1　合成孔径雷达成像空间几何关系示意图

2. InSAR 测量原理及模式

图 5-2 是重复轨道 SAR 干涉的几何模型，图中卫星的飞行方向垂直于纸面，S_1，S_2 分别代表两个 SAR 卫星，其中 R_1，R_2 代表卫星到地面点 P 的距离，θ 为入射角，H 为卫星的高度，β 为当地入射角，B 为基线，α 为基线与水平面的夹角，基线在雷达视线方向及其垂直方向的投影分别定义为平行基线 $B_\parallel$ 和垂直基线 $B_\perp$，基线也可以沿铅直方向和水平方向分解为水平基线 B_h 和铅直基线 B_v，且满足

$$B_\parallel = B\sin(\theta - \alpha) \tag{5-3}$$

$$B_\perp = B\cos(\theta - \alpha) \tag{5-4}$$

$$B_\parallel = B_h\sin\theta - B_v\cos\theta \tag{5-5}$$

$$B_\perp = B_h\cos\theta + B_v\sin\theta \tag{5-6}$$

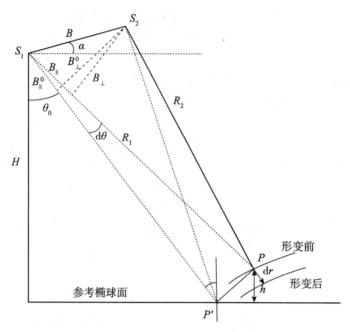

图 5-2　SAR 干涉几何模型

假设传感器两次成像到地面点的距离差为 ΔR，考虑到 $B \ll R$（R 为 SAR 卫星到地面目标的平均距离），则雷达信号单程距离差为

$$\Delta R = B\sin(\theta - \alpha) = B_{\parallel} \tag{5-7}$$

定义在距离向大地水准面上的点 P' 为点 P 对应的平地效应点，若满足 $\left| S_1P \right|$ $= \left| S_1P' \right|$，即两点的斜距相等。P 和 P' 两点的雷达视角分别为 θ 和 θ_0，则

$$\theta = \theta_0 + \mathrm{d}\theta \tag{5-8}$$

考虑到 $\mathrm{d}\theta$ 很小，得

$$\begin{aligned}
\Delta\rho &= B\sin(\theta_0 + \mathrm{d}\theta - \alpha) \\
&= B\left[\sin(\theta_0 - \alpha)\cos(\mathrm{d}\theta) + \cos(\theta_0 - \alpha)\sin(\mathrm{d}\theta)\right] \\
&\cong B\sin(\theta_0 - \alpha) + B\cos(\theta_0 - \alpha) \cdot \mathrm{d}\theta \\
&= B_{\parallel}^0 + B_{\perp}^0 \cdot \mathrm{d}\theta
\end{aligned} \tag{5-9}$$

从式(5-9)可以看出，由于两次成像时雷达双程传播距离不同而产生的干涉相位 ϕ 可以表示为

$$\phi = \phi^{FT} + 2w\pi = -\frac{4\pi}{\lambda}(B_{\parallel}^0 + B_{\perp}^0 \cdot \mathrm{d}\theta) + 2w\pi = \phi^F + \phi^T + \phi^W \tag{5-10}$$

从式(5-10)可以看出，干涉相位组成：第一项 ϕ^F 是由于平行基线引起的干涉相位，这部分显示即使观测完全平坦的表面也会产生干涉条纹，称为平地效应相位；第二项 ϕ^T

是地形相位；第三项 ϕ^W 是干涉相位整周部分，即

$$\phi^F = -\frac{4\pi}{\lambda} B^0_{\parallel} \tag{5-11}$$

$$\phi^T = \frac{4\pi}{\lambda} B^0_{\perp} \cdot d\theta \tag{5-12}$$

$$\phi^W = 2w\pi \tag{5-13}$$

由于地面点和对应平地效应点之间的距离 $\left| PP' \right|$ 可以表示成

$$\left| PP' \right| = R_1 d\theta \tag{5-14}$$

这样地面点 P 的高程为

$$h = R_1 d\theta \sin\beta \tag{5-15}$$

将式(5-12)代入式(5-15)得到利用 InSAR 获取地面高程的公式为

$$h = -\frac{4\pi}{\lambda} \frac{R_1 \sin\beta}{B^0_{\perp}} \phi^T \tag{5-16}$$

将基线化为水平基线和竖直基线，这样式(5-16)可改写成

$$h = -\frac{4\pi}{\lambda} \frac{R_1 \sin\beta}{B_h \cos\theta_0 + B_v \sin\theta_0} \phi^T \tag{5-17}$$

一般干涉图中的一个条纹代表的相位变化是 2π，每一个条纹代表的高度变化量被称为高程模糊度，将 $\phi^T = 2\pi$ 代入式(5-16)得

$$h_{2\pi} = \left| \frac{\lambda}{2} \frac{R_1 \sin\beta}{B^0_{\perp}} \right| \tag{5-18}$$

由(5-18)可以看出高程模糊度与雷达波长、地面入射角、斜距以及垂直基线有关，其中雷达波长对于特定 SAR 系统是固定的，地面入射角和斜距在整幅图像中的变化都较小，所以高程模糊度主要取决于垂直基线。

目前，SAR 干涉测量有以下几种模式：

(1)正交轨道干涉(XTI：Cross-track interferometry)

如图 5-3(a)所示，正交轨道干涉目前只适用于机载雷达系统，其两个天线垂直于飞行方向。这种干涉形式容易受到区域坡度和飞机横滚的影响。

(2)沿轨道干涉(ATI：Along-track interferometry)

如图 5-3(b)所示，两个天线与平行于飞行方向排列，目前也只适用于机载 SAR 系统，像元的相位差是由于测量时物体的运动产生的。

(3)重复轨道干涉(RTI：Repeat-track interferometry)

如图 5-3(c)所示，重复轨道干涉只有一个雷达天线，因这种干涉模式需要精确的轨道信息，所以比较适合星载 SAR 干涉。

3. DInSAR 形变监测原理

如果在两次 SAR 成像过程中地表在 LOS 方向发生了形变，且不考虑相位模糊度，则

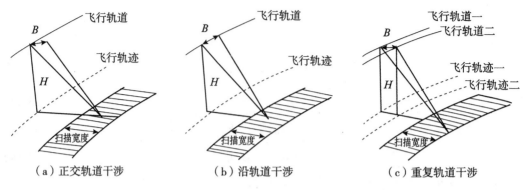

图 5-3　SAR 干涉测量模式示意图

式(5-10)变为

$$\phi = -\frac{4\pi}{\lambda}(B_\parallel^0 + B_\perp^0 \cdot \mathrm{d}\theta + \mathrm{d}r) = -\frac{4\pi}{\lambda}\left(B_\parallel^0 + \frac{B_\perp^0}{R_1\sin\beta} + \mathrm{d}r\right) = \phi^F + \phi^T + \phi^D \quad (5\text{-}19)$$

式中，ϕ^D 表示形变量 $\mathrm{d}r$ 引起的相位。式(5-19)近似地描述了干涉相位与平地效应相位、地形相位和形变相位的关系。同时考虑大气延迟相位以及噪声相位时，干涉图中的每个像素的真实干涉相位 ϕ 可以表示为

$$\phi = \phi^F + \phi^T + \phi^D + \phi^A + \phi^N \quad (5\text{-}20)$$

式中

$$\phi^F = kB_\parallel^0 \quad (5\text{-}21)$$

$$\phi^T = k\frac{B_\perp^0}{R_1\sin\beta}h \quad (5\text{-}22)$$

$$\phi^D = k\mathrm{d}r \quad (5\text{-}23)$$

$$\phi^A = kS^{t_1} - kS^{t_2} \quad (5\text{-}24)$$

$$k = -\frac{4\pi}{\lambda} \quad (5\text{-}25)$$

式(5-20)~式(5-25)中各符号说明如下：

ϕ^F ——表示平地效应相位；

ϕ^T ——表示地形相位；

ϕ^D ——表示地表形变相位；

ϕ^A ——表示大气延迟相位；

ϕ^N ——表示噪声相位；

h ——表示地面点相对于参考椭球面的高程；

$\mathrm{d}r$ ——两次影像获取时间间隔内地表发生的形变量；

S^{t_1} ——t_1 时刻的大气延迟；

S^{t_2}——t_2 时刻的大气延迟。

因平地相位 ϕ^F 可以根据卫星成像的几何关系直接计算，不需要顾及相位模糊度以及相位噪声，方程中含有 4 个未知量：h、dr、S^{t_1} 和 S^{t_2}，即干涉图中只剩下大气延迟、DEM以及地表形变引起的相位，DInSAR 技术就是消除干涉图中某些已知的相位，从而获取未知相位并对其进行进一步分析的方法，根据获取未知相位的不同，DInSAR 可以用于形变监测以及气象学方面的研究，例如在 DEM 和两次成像间隔内地表形变已知的情况下，可以利用 DInSAR 技术提取大气延迟相位从而反演大气水汽含量以及有关气象方面的参数，由式(5-19)可得

$$dr = -\frac{\lambda}{4\pi}\phi - B_\parallel^0 - \frac{B_\perp^0}{R_1\sin\beta}h \tag{5-26}$$

从上式可以看出，要获取地表形变量，必须获取地面点相对于参考椭球面的高程，即研究区域的 DEM。

根据去除地形相位采用的数据和处理方法，可以将差分干涉测量分为二轨法、三轨法、四轨法，不同方法的数据处理过程不相同。二轨法是利用研究区域地表形变发生前后的两幅 SAR 影像生成干涉图，然后利用外部 DEM 数据模拟该区域的地形相位，并从干涉图中剔除模拟的地形相位得到研究区域的地表形变相位信息。三轨法是利用研究区域三幅 SAR 影像，其中两幅为形变前或形变后获取，另一幅要跨越形变期获取。选取其中一幅为公共主影像，余下两幅为从影像分别与选定的主影像进行干涉，生成两幅干涉图：一幅反映地形信息，另一幅反映地形和形变信息。最后再将两幅干涉图进行再次差分，就可以获得只反映地表形变的信息。四轨法同三轨法类似，四轨法是利用四幅 SAR 影像，其中两幅在形变前获取，两幅在形变后获取。其中两幅进行干涉形成地形对，另两幅进行干涉形成地形和形变对，同样对这两幅干涉图进行再次差分处理，得到形变相位。式(5-26)适合于二轨法和四轨法。三轨法中含有形变信息的干涉图称为形变对(Defo-pair)，另一幅获取 DEM 的干涉图称为地形对(Topo-pair)，将式(5-16)代入式(5-26)得

$$dr = -\frac{\lambda}{4\pi}\phi - B_{\parallel 2}^{\ 0} - \frac{\lambda}{4\pi}\frac{B_{\parallel 2}^{\ 0}}{B_{\perp 1}^{\ 0}}\phi^T \tag{5-27}$$

式中，$B_{\perp 1}^{\ 0}$ 和 $B_{\parallel 2}^{\ 0}$ 分别为地形对和形变对垂直基线。对式(5-27)中的地形相位 ϕ^T 求微分，可以看出较小的垂直基线比 $B_{\parallel 2}^{\ 0}/B_{\perp 1}^{\ 0}$ 可以减少地形相位 ϕ^T 的误差对形变精度的影响。

将 $\phi = 2\pi$ 代入式(5-27)，则形变模糊度为

$$dr_{2\pi} = \frac{\lambda}{2} \tag{5-28}$$

式(5-28)表示差分干涉图中一个相位周期 2π 所表示的视线向形变量。

4. DInSAR 数据处理流程

一般的 SAR 数据处理是对其雷达信号回波的强度信息进行分析，根据地物的反射特

性对地物进行分类和变化检测等。DInSAR 获取地表形变的四轨法差分干涉的基本流程如图 5-4 所示。对于二轨法，去除地形像对，DEM 为已知的外部 DEM。对于三轨法，形变像对和地形像对共用同一幅主影像。

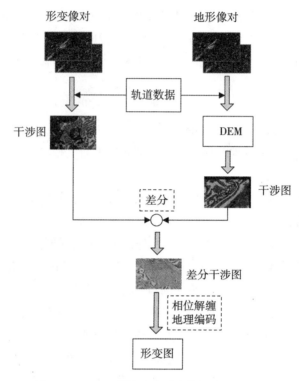

图 5-4　DInSAR 提取地表形变数据处理流程图

5.2　InSAR/GPS 融合监测技术

目前中国、美国、日本等许多国家都建立了自己的连续 GPS 监测网（continuous GPS networks，CGPS），尽管 CGPS 可以连续长时间进行地面监测，但因其受接收机数量和布网阵列限制，无法做到高密度布网。而地表形变监测的区域范围大，自然条件相对复杂，仅采用 GPS 形变监测方法存在覆盖区域小、分布不合理等局限性。

世界上许多 CGPS 网采用的采样间隔为 30s，有些达到了采样频率 1Hz，因此 GPS 技术已经达到了非常高的时间分辨率。对于 InSAR 技术，由于雷达卫星有其固定的运行周期，因此只能提供 24~44 天时间间隔图像。同时，InSAR 技术对大气同温层和电离层延迟、卫星轨道误差、地表状况以及时态不相关等因素造成的误差不能仅靠雷达数据自身消除。表 5-1 对 CGPS 技术和 InSAR 技术进行了对比。

表 5-1	CGPS 技术和 InSAR 技术的比较	
	CGPS	InSAR
观测量	三维位移(水平、垂直)	地面点与卫星之间的距离的变化(一维)
时间分辨率	近连续(日每点至 10 秒每点)	周期性(对 ERS-1 为 35 天,JERS 为 44 天)
空间分辨率	离散的点(最密的日本 CGPS 网为 25km 间隔)	连续的、全球性的覆盖(25m×25m 分辨率、50km×50km 的影像覆盖范围)
卫星数量	24 颗 GPS 卫星	1 颗 SAR 雷达卫星
地面接收站	至少 2 台以上	无

5.2.1 InSAR 技术与 GPS 技术互补

InSAR 形变监测技术,尽管有监测范围大、全天时全天候的技术优势,但是仍然受对流层延迟、电离层延迟、卫星轨道误差、地表状况及时间几何去相干等因素的影响,易导致 InSAR 图像解译失误,从而无法获取高精度的形变信息。InSAR 技术的数据处理过程也同样具有难点,这些都造成这项技术在地表形变探测应用中的困难。

针对以上种种问题,可以通过 InSAR 和 GPS 技术相结合的集成技术予以解决。InSAR 和 GPS 技术具有以下互补性:

(1)空间分辨率,InSAR 技术可以达到很高的空间分辨率,就星载 InSAR 来说已达到 10m 以内。且雷达差分干涉测量所得图像是连续覆盖的,由此得到的地面形变也是连续覆盖的,这对分析地表形变的发展规律是非常有用的。而 GPS 采集数据的空间分辨率则远不如遥感,GPS 连续运行站网中,站点之间的间隔一般为几千米不等。而且需要事先建立监测网,会受到地理环境和运作成本等因素的限制,并且要有必要的测量成果点。所以对于建网困难或常规大地测量无法进行的地区,干涉雷达将发挥独特的作用。

(2)时间分辨率,GPS 技术可以在很短的时间间隔(数十秒至数小时)重复采集数据。如果建立了 GPS 连续运行站网,更可以提供连续的、区域性的大气层数据。目前世界上许多 CGPS(Continuous GPS network)网采用的采样间隔为 30s,有些达到了采样频率数十赫兹,故此 GPS 网已经达到了非常高的时间分辨率。InSAR 目前主要的商业数据还是来源于星载 SAR,雷达卫星运行的重复周期从 24 天到 44 天左右。在解译某些地学现象时,其时间分辨率还满足不了要求。

(3)InSAR 以遥感成像方式获取数据,然后通过遥感影像处理的技术手段来达到量测的目的。但是对于大气参数的变化(对流层水汽含量和电离层)、卫星轨道参数的误差和地表覆盖的变化非常敏感,干涉像对之间空间基线和时间基线受一定限制。而 GPS 技术可以推算出对流层延迟和电离层延迟,这是校正 InSAR 数据产品误差的重要依据。GPS 技术也可以进行高精度的定位和变形监测,这些数据可以作为 InSAR 数据处理过程中的约束条件(控制点)。如果建立了 GPS 连续运行站网,更可以提供连续的、区域性的大气层数据。

由上述可见,GPS 技术与 InSAR 技术融合,将突破单一技术应用的局限,发挥各自优势。一方面利用 GPS 技术来改正 InSAR 数据本身难以消除的误差；另一方面充分利用 InSAR 与 GPS 的互补性，实现 GPS 高时间分辨率与 InSAR 高空间分辨率的有机统一。

5.2.2　融合 InSAR/GPS 监测技术

InSAR 技术可以用于生成 DEM 或监测地面沉降变形。但对二轨法或三轨法来说，基线长度和平台的高度存在不确定性，而且容易发生改变。一般情况下，基线是通过雷达卫星的星历参数和雷达卫星本身的参数来估算的。但是，由于雷达卫星最初发射的目的不是用于雷达干涉测量，这导致星历参数往往不够准确，由此得到的基线长度和方向误差可能会明显的干扰几何影像。

卫星轨道误差是系统误差，测区内所有的点都呈现出几乎相同或有规律性的误差，这种系统性误差可以通过地面控制点加以改正。由于卫星轨道误差的系统性，我们感兴趣的不是卫星轨道误差所引起的变形量的绝对误差，而是卫星轨道误差所引起的不同地面点变形量的误差之差，尤其是最远点与最近点误差之差。可以称为相对误差。

由于雷达卫星的星历精度不高，难以满足干涉测量的需要。为了得到高精度的基线向量参数，可以利用具有高精度的地面点来获取雷达卫星的基线向量参数。这需要在地面点上安置角反射器装置，图 5-5 为角反射器的实物图。角反射器能够在 InSAR 影像上形成明亮的亮点，根据相位信息可以确定这些点之间的干涉相位差。角反射器的大地坐标及之间的相对坐标可以利用 GPS 精确测量。

图 5-5　角反射器

利用影像上的干涉相位差和地面角反射器的相对坐标估算基线参数的方法如图 5-6 所示。地面上有 5 个控制点：$P_0(r_0, h_0)$、$P_1(r_1, h_1)$、$P_2(r_2, h_2)$、$P_3(r_3, h_3)$ 和 $P_4(r_4, h_4)$，以 P_0 为参考点，已知控制点 P_1、P_2、P_3、P_4 与参考点 P_0 之间的相对距离和相对高度，并且知道各点之间的干涉相位差，则可以得到

$$\Delta\phi_{01} = \frac{4\pi}{\lambda}(\Delta R_0 - \Delta R_1) \tag{5-29}$$

$$\Delta\phi_{02} = \frac{4\pi}{\lambda}(\Delta R_0 - \Delta R_2) \tag{5-30}$$

$$\Delta\phi_{03} = \frac{4\pi}{\lambda}(\Delta R_0 - \Delta R_3) \tag{5-31}$$

$$\Delta\phi_{04} = \frac{4\pi}{\lambda}(\Delta R_0 - \Delta R_4) \tag{5-32}$$

式中

$$\Delta R_0 = \sqrt{(r_s - r_0)^2 + (h_s - h_0)^2} - \sqrt{r_0{}^2 + (H - h_0)^2}$$

$$\Delta R_i = \sqrt{(r_s - (\Delta r_i + r_0))^2 + (h_s - h_i)^2} - \sqrt{(\Delta r_i + r_0)^2 + (H - h_i)^2} \quad (i = 1, 2, 3, 4)$$

式中，地面点的相对高程 h_i 和相对距离 Δr_i 由 GPS 精确确定。

对上式用泰勒公式进行线性化，也可以利用蒙特卡罗法求解 r_s、h_s、H、r_0、h_0 的值。利用下面的公式就可以确定基线参数

$$\begin{cases} B = \sqrt{r_s^2 + (h_s - H)^2} \\ \tan\alpha = \dfrac{h_s - H}{r_s} \end{cases} \tag{5-33}$$

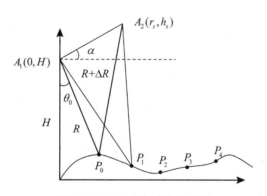

图 5-6   InSAR 几何参数示意图

地面沉降监测要求较高的监测精度，研究影响 InSAR 精度的因素尤为重要。在影响 InSAR 地面沉降监测精度的诸多因素中，大气条件引起的相位延迟是监测精度的主要影响源之一。由于大气层在时间与空间上变化的不确定性，使其对雷达信号造成的相位延迟也就不同，甚至可能造成对 DInSAR 数据的错误判读。因此，为了利用 DInSAR 获取高精度的地面沉降变形信息，需要消除或削弱电离层和对流层引起的相位延迟。

目前，减少大气层对 DInSAR 干涉图影响的方法主要有以下两种：第一种是相位积累法，通过获取实验区的多幅干涉图，再对干涉图进行简单平均，以达到有效降低大气影响的目的；第二种是利用其他观测方法获取大气延迟数据，建立大气延迟模型，全部或部分地消除大气引起的相位延迟。目前，常用连续 GPS 网来获取大气引起的相位延迟。连续 GPS 网在实时监测地表变形的同时，作为一种副产品，还可以解算出对流层的延迟量和电离层的电子含量。GPS 测天顶总延迟原理是利用 GPS 相位观测资料，把观测点的天顶电离层延迟和对流层延迟作为参数在平差中进行解算。

DInSAR 获取地面沉降变形信息是通过对 DInSAR 干涉图进行差分处理得到的。因此，只有 SAR 影像上两个点之间和两幅 SAR 影像之间的相对大气层延迟才会使由 DInSAR 获取的变形信息发生扭曲。同时，相位差以及地面变形总是相对于影像上面的某个固定点的。因此，站点之间和时域之间的双差分算法可以用于从 GPS 观测值中获取对 DInSAR 的大气层延迟改正。

1. 单差分

假定 A 点在 SAR 影像上是固定不动的，作为一个参考点。B 点是 SAR 影像上面的另一个点。如果从 GPS 中估计的 A 点和 B 点在 SAR 影像 j 时的大气层延迟分别为 D_A^j 和 D_B^j，点之间的延迟差分为

$$D_{AB}^j = D_B^j - D_A^j \tag{5-34}$$

用站点 A 作为参考点，用公式(5-34)，可以计算其他 GPS 站点与 A 点间的单差分延迟，这些单差分延迟经过内插可以生成一幅与雷达的 SCL 数据相似的大气层延迟改正影像。

2. 双差分

假定有两个站点 A 和 B，两个时间 j(主 SLC 影像)和 k(辅 SLC 影像)，两个单差分

$$D_{AB}^j = D_B^j - D_A^j \tag{5-35}$$

$$D_{AB}^k = D_B^k - D_A^k \tag{5-36}$$

通过对这两个单差分进行差分可以得到一个双差分

$$D_{AB}^{jk} = D_{AB}^k - D_{AB}^j = (D_B^k - D_A^k) - (D_B^j - D_A^j) = (D_B^k - D_B^j) - (D_A^k - D_A^j) \tag{5-37}$$

上式表明，有两种可能的方法进行双差分：一是先进行站点间差分，然后进行时域间差分(BSBE 法)；二是先进行时域间差分，然后进行站点间差分(BEBS 法)。一般人们更倾向于 BSBE，因为 BS 差分能内差生成一副单差分延迟改正产品，该产品只与 SLC 影像有关，只要 SLC 影像形成 InSAR 对，BS 能自由地形成下一步的 BE 差分组合。

虽然一个连续 GPS 网国家级的密度可为 25km 一个站点，但由 GPS 获取的大气层延迟改正的空间分辨率远远小于 InSAR 影像的分辨率，为了对 InSAR 影像进行逐个像素的大气层延迟改正，必须对 GPS 获取的延迟改正进行加密内插，然后对 InSAR 数据进行大气延迟误差改正。内插方法有距离反比加权内插法、三次样条插法、克里金内插法等。

5.3　GBInSAR 监测技术

地基合成孔径雷达干涉(Ground Based InSAR，GBInSAR)技术是一种基于微波主动探测的创新雷达技术，这项技术的工作原理和星载 InSAR 技术类似。GBInSAR 技术基于微波探测主动成像方式获取监测区域二维影像，通过合成孔径技术和步进频率技术实现雷达影像方位向和距离向的高空间分辨率，克服了星载 SAR 影像受时空失相干严重和时空分辨率低的缺点，通过干涉技术可以实现沿雷达视线方向(即距离向)优于亚毫米级的微变形监测。该技术已经广泛应用于滑坡、冰川、建筑物、大坝和桥梁等的变形监测，并取得了满意的成果。

地基 InSAR 最初设计用于大坝等具有较强雷达反射信号的大型人工建筑物变形监测，

后来被广泛用于滑坡监测。近几年，地基 InSAR 技术又被成功用于冰川、冰雪覆盖监测以及火山监测和预警。地基 InSAR 技术的巨大应用前景吸引了众多科研机构和公司进行理论和设备研究，其中包括欧盟的 JRC 研究所(Joint Research Center)，意大利的佛罗伦萨大学、IDS 公司，英国的谢菲尔德大学，西班牙的加泰罗尼亚技术大学、IG 研究所(Institute of Geomantics)以及瑞典皇家理工学院等。国内对地基 InSAR 技术的研究尚处于起步阶段，在人工建筑物、露天矿区监测和大气误差校正方面进行了一些探索性的实验研究。结合国内外综合的研究结果，与传统的监测方法比较，地基 InSAR 技术的优势在于：

(1)测量范围大，最大为 7km²。遥测距离最大可为 4km，对大型目标物的信息可以一次捕捉到。

(2)不受气候影响，在雾天，雨雪天，扬尘的天气条件下仍可正常工作。

(3)全天候 24 小时连续监测。

(4)精度高，静态检测可达 0.1mm，动态检测可达 0.01mm。

地基 InSAR 系统外业操作简单，不需要反射装置配合，工作人员不用进入变形体内，既保证了人员的安全，也避免了对变形体的影响。系统拥有功能强大的软件系统，数据处理过程非常简单。该系统对于地面运动物体的精确测量，使理解不稳定斜坡动力学特性、评价地质灾害和监测山体、坝体运动危害点等成为可能；对于自然灾害的研究、预测和防治意义深远。

5.3.1 地基雷达系统变形监测原理

1. 步进频率连续波(SF—CW)技术

IBIS 系统的核心是传感器单元，这是一个基于步进频率连续波技术的电磁波传感器。这项技术可以使 IBIS 系统对被测物进行一维的监测，具有非常高的分辨率。

如图 5-7 所示，该地基雷达的距离分辨率为 5m，其中目标点 A_1、A_2 位于同一分辨单元内，系统不能区分目标点 A_1 和 A_2。对于脉冲雷达，设光速为 c，距离向分辨率 Δr 与脉冲延续时间 τ 有以下关系

$$\Delta r = \frac{c\tau}{2} \tag{5-38}$$

由于 τ 与带宽 B 满足 $\tau B = 1$，距离向分辨率还可以表示为

$$\Delta r = \frac{c}{2B} \tag{5-39}$$

步进频率连续波技术将带宽为 B 的宽脉冲信号压缩处理为窄脉冲，脉冲带宽 B 不变，从而使雷达在作用范围更广的情况下仍有较高的距离分辨率。

2. 合成孔径雷达技术

IBIS—L 系统采用合成孔径雷达技术来提高方位向分辨率。在实际应用中，雷达传感器被安装在一个长为 L 的滑轨上，通过马达带动传感器在滑轨上移动来采集数据，形成了雷达合成孔径 L，提高了方位向的分辨率 $\Delta\theta$，即

$$\Delta\theta = \frac{\lambda}{2L} \tag{5-40}$$

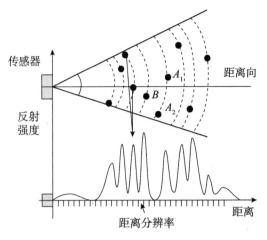

图 5-7　距离向切面图

式中：λ 为雷达发射波长。

如图 5-8 所示，通过距离向和方位向的结合，监测区域就被分割成许多二维的小单元，其中距离向分辨率为 0.5m，方位向分辨率为 4.5mrad×距离。

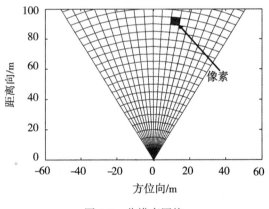

图 5-8　分辨率网格

3. 干涉测量技术

IBIS 系统使用干涉测量技术来探测变形。在人们感兴趣的区域内，距离向位移是采用不同时刻的相位信息来计算的。假设两幅地基雷达图像的信号分别为 I_1 和 I_2，相位分别为 φ_1 和 φ_2，雷达波长为 λ，两幅图像进行复共轭相乘得到复干涉图，即

$$I_2 \cdot I_1^* = |I_2 \cdot I_1^*| \exp(\mathrm{i}(\varphi_2 - \varphi_1)) = |I_2 \cdot I_1^*| \exp\left(\mathrm{i}\frac{4\pi}{\lambda}\Delta d\right) \tag{5-41}$$

则变形量 Δd 可以由下式计算

$$\Delta d = \frac{\lambda}{4\pi}\arg(I_2 \cdot I_1^*) \tag{5-42}$$

IBIS-L 系统能够对所有像素的位移变化进行记录，进行组合后就形成整个区域的位移图。

5.3.2 地基雷达系统

1. LiSAR 地基合成孔径雷达系统

LiSAR（Linear SAR）地基合成孔径雷达系统是欧盟联合研究中心于 1999 年研制的，采用步进频率连续波技术，工作在 C 到 Ku 波段，工作频率从 500MHz 到 18GHz，可以观测到数米到数千米的范围。如图 5-9 所示，两个天线，一个为发射天线，另一个为接收天线，通过在 2.8m 长的水平轨道上滑动来形成合成孔径雷达，3dB 波速宽度约为 20°。

图 5-9　LiSA 地基合成孔径雷达系统

2. GPRI 便携式雷达干涉仪

GPRI（GAMMA Portable Radar Interferometer）便携式雷达干涉仪有一个发射天线和两个接收天线，是 GAMMA 公司最新研制的真实孔径地基雷达系统，其监测精度可以达到亚毫米级。

如图 5-10 所示，一个发射天线和两个接收天线，两个接收天线之间有一定的基线距，可以用于生成 DEM，可以在短于 20min 的时间里获取 0~4km 范围内的雷达影像，这些天线架设在三脚架上，并可以旋转扫描，具有相当广阔的视角。

3. IBIS 地基雷达系统

意大利佛罗伦萨大学和 IDS 公司经过长达 6 年的合作，成功研制了基于 GBInSAR 技术的 IBIS 地基雷达系统。该系统是一个集合了步进频率连续波技术(SF—CW)、合成孔径雷达技术(SAR)和干涉测量技术的高新技术产品。

如图 5-11 所示，IBIS 地基雷达系统分为 IBIS—S 和 IBIS—L 两种型号。IBIS—S 硬件系统组成有：数据采集单元，数据记录处理单元，能量供应单元和三脚架。IBIS—L 硬件

图 5-10　GAMMA GPRI 便携式雷达干涉仪

系统组成有：数据采集单元，数据记录处理单元，能量供应单元和滑轨。

　　IBIS—S 属于真实孔径雷达，主要用于监测线性构筑物如桥梁或高层建筑物。IBIS—L 属于合成孔径雷达，主要对大坝、边坡工程和库区等水工建筑物及不稳定性边坡、滑坡等灾害进行监测及预警。IBIS—S 与 IBIS—L 两种系统的区别主要为：IBIS—S 系统中的传感器架设在三脚架上，只能区分距离向的目标，无法区分方位向的目标；IBIS—L 系统中的传感器安装在一个 2m 长的滑轨上，可以滑动形成合成孔径，能区分距离向和方位向的目标。

（a）IBIS—S　　　　　　　　　　　　　　　（b）IBIS—L

图 5-11　IBIS—S 和 IBIS—L 系统硬件组成

5.3.3　GBInSAR 地表监测方法

　　GBInSAR 系统中的干涉测量技术主要是通过雷达反射波的相位差异而进行的，将获取到变形前后二次的目标物不同的相位信息差异进行比较，从而利用式(5-41)和式(5-42)解算出位移变化量。GBInSAR 系统仅能得到每一个像素单元的方位向(Line Of Sight, LOS)位移变化信息，通过数学方法可以将目标物的变化情况投影到其他方向上，进而能够保证设备监测到微小的位移变化。

如图 5-12 所示，将 GBInSAR 设备架设在一个相对较高的区域，使得雷达波能够覆盖整个监测区域，通过雷达反射回来的相位的差异得到位移值，再将位移值投影到沉降方向，得到监测区每个目标的沉降变形。

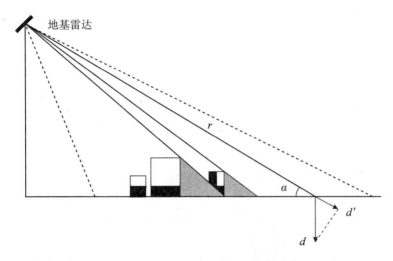

图 5-12　地基 SAR 地面沉降监测原理示意图

由图 5-12 不难看出，高程 h、径向距离 r 以及雷达入射角 α 满足以下几何关系

$$\sin\alpha = \frac{h}{r} \tag{5-43}$$

而视线向位移 d' 与铅垂向位移 d 间可以依据下式相互转换

$$d = \frac{d'}{\sin\alpha} \tag{5-44}$$

通过式(5-43)、式(5-44)联立后，便可由观测得到的相位差计算得到地表沿铅垂向的沉降值，公式为

$$d = \frac{\lambda}{4\pi}(\varphi_2 - \varphi_1)\frac{r}{h} \tag{5-45}$$

作为地表沉降监测的重要手段，星载 InSAR 技术以其覆盖范围大、精度较高等特点已得到了广泛的应用。但是由于星载 SAR 数据受时空失相干影响严重，并且无法对于地表的微小变化进行实时监测。地基 InSAR 技术利用连续对观测区域获取的雷达反射信号，能够随时监测到地表所发生的微小形变。通过地基雷达与干涉测量技术的结合开辟了一条地面沉降监测的新方法。

5.3.4　地面沉降监测实验

采用 IBIS—L 系统对某地区进行地面沉降监测实验，雷达覆盖区域大约为 $0.2km^2$，区域内有居民地、厂房以及丘陵等。为了便于对地面进行沉降监测，设备安置于地质结构稳定的较高处，观测点与测区间相对高程为 96.4m。雷达的最远观测距离为 1km，最近距离为 200m。但是，远端由于入射角度较小，受雷达阴影的影响较严重，本次实验选取观测条件较好的区域进行沉降监测。实验时间从 2013 年 7 月 30 日 12 时到 31 日 12 时，共计 24 小时，数据采样间隔为 5min，共获取雷达图像 261 景。

图 5-13 为 IBIS—L 系统获取的雷达信号的反射强度图，由图 5-13 中可以看出，系统能够准确地记录下实验区域的建筑物以及地表起伏，观测区域内反射信号的强度均在 15dB 以上。图 5-14 为雷达的相干系数图，由图 5-14 可知目标区域的相干系数较高，均值在 0.7 左右。相干性是雷达干涉质量评价的重要指标，相干系数越高，表明影像的干涉质量越高，观测精度也就越高。

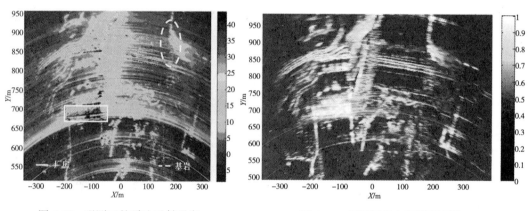

图 5-13　观测区的雷达反射强度　　　　图 5-14　观测区的空间相干系数

大气扰动产生的延迟误差是 GBInSAR 测量的主要误差，为消除此影响，本实验在测区内地质结构稳定处选择若干个稳定点，依据这些点来自动评估大气影响，进而消除测区内大气所造成的延迟误差，提高观测精度，如图 5-15 所示。首先，为了验证 IBIS 系统沉降监测数据的可靠性，在测区附近基岩裸露区域（图 5-13 中白色虚线已标出）选取三个点，即：P_{10}、P_{11}、P_{12} 进行观测，由于三个点都在稳定的基岩上，据此可以认为它们不会发生沉降。从图 5-16 中可见，三个基岩点在观测的 24 小时内实际的沉降量均在 ±1mm 以内，这种微小的变形在监测时间内有近似的变化趋势，可以认为是大气延迟的残余误差对观测结果的影响。从验证的结果上可以看出，本次实验中 IBIS—L 获取的监测数据准确，可靠性较高。

依据相干系数及相位稳定性等指标，提取出观测区域内可靠的观测点进行沉降变形监测。将经过处理得到的视线向位移投影至沉降方向，图 5-17 为监测区域内选取的 5 个观测点，在 24 小时内连续观测的沉降过程曲线。由图 5-17 中可以发现，5 个观测点的沉降变形过程可以分为三个时段，即：2013 年 7 月 30 日 12 时至 21 时为变形时段；30 日 21 时至 31 日 8 时为稳定时段；31 日 8 时至 12 时为下一个变形时段。从以上三个时段的沉降规律可以推断出，该地区的沉降主要受附近厂房的工作周期影响，其中距离厂房较近的 4 点与 5 点，由于受厂房生产的振动影响，沉降变化较为突出，但是各点的形变均在±5mm内，连续观测的 24 小时内地表沉降的影响较小。

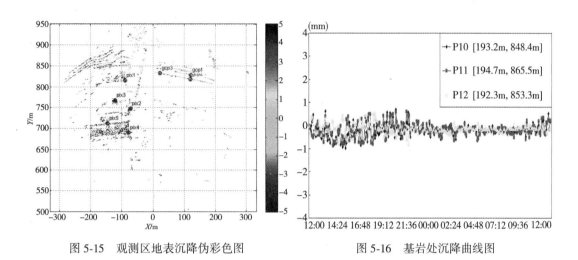

图 5-15　观测区地表沉降伪彩色图　　　　图 5-16　基岩处沉降曲线图

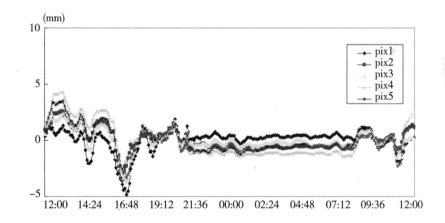

图 5-17　IBIS-L 系统江滩地面沉降监测结果

5.4　本章小结

　　本章主要论述了合成孔径雷达技术的监测原理，与传统的监测技术相比较，SAR 监测方法具有全天时、全天候，并且覆盖范围大，空间分辨率高等优势。但由于 SAR 技术本身易受到大气扰动、轨道精度等条件限制，本章介绍了融合 GPS/InSAR 技术进行形变监测的新方法，阐述了该技术进行监测的技术流程。最后，针对星载 SAR 影像获取周期长、微观监测精度不够的缺点，提出近些年来发展起来的地基合成孔径雷达干涉（InSAR）技术，并且介绍了这项技术进行地表形变监测的原理。

第6章 地面沉降监控数学模型

6.1 最小二乘支持向量机模型

支持向量机是 Vapnik 等学者提出的基于统计学理论的 VC 维理论和结构风险最小原理的一种新型机器学习方法，根据有限的样本信息在模型的复杂性和学习能力之间寻求最佳折中，以期获得最好的推广能力(或称泛化能力)。该方法在解决小样本、非线性及高维模式识别中表现出许多特有的优势，并能够推广应用到函数拟合等其他机器学习问题中。但是该方法的具体实现算法在计算上存在着一些问题，包括训练算法速度慢、算法复杂而难以实现以及检测阶段运算量大等。

针对这些问题，1999 年 Suykens 等学者提出了一种改进型支持向量机——最小二乘支持向量机(Least Square Support Vector Machine, LSSVM)。与传统支持向量机相比较，LSSVM 引入最小二乘线性系统到支持向量机中，用等式约束代替不等式约束，求解过程由二次规划方法变为解一组等式方程，避免了求解耗时的二次规划问题，求解速度相对加快。

6.1.1 最小二乘支持向量机(LSSVM)的基本原理

假定训练样本集: $P = \{(x_k, y_k), k = 1, 2, \cdots, n\}$, $x_k \in \mathbf{R}^n$, $y_k \in \mathbf{R}^n$, x_k 是输入数据，y_k 是输出数据。原始空间的优化问题为

$$\min J(\omega, e) = \frac{1}{2}\omega^T\omega + \frac{1}{2}\gamma \sum_{i=1}^{n} e_i^2 \tag{6-1}$$

式中：$\varphi(x)$ 为非线性映射函数，ω 为权重向量，e_i 表示误差，γ 是惩罚因子，$i = 1, 2, \cdots, n$。且式(6-1)约束条件 $y(x) = \omega^T\varphi(x_i) + b + e_i$, b 为常数。

引入 Lagrange 乘子 α, 得到

$$L(\omega, b, e, \alpha) = J(\omega, e) - \sum_{i=1}^{n} \alpha_i \{\omega^T\varphi(x_i) + b + e_i - y_i\} \tag{6-2}$$

根据 KKT 条件可得

$$\begin{cases} \dfrac{\partial L}{\partial \omega} = 0 & \rightarrow \quad \omega = \sum_{i=1}^{n} \alpha_i \varphi(x_i) \\[2mm] \dfrac{\partial L}{\partial b} = 0 & \rightarrow \quad \sum_{i=1}^{n} \alpha_i = 0 \\[2mm] \dfrac{\partial L}{\partial e_i} = 0 & \rightarrow \quad \alpha_i = Ce_i \\[2mm] \dfrac{\partial L}{\partial \alpha_i} = 0 & \rightarrow \quad \omega^T\varphi(x_i) + b + e_i - y_i = 0 \end{cases} \tag{6-3}$$

消去变量 ω 和 e_i，得到以下线性方程组

$$\begin{bmatrix} 0 & \varGamma^{\mathrm{T}} \\ \varGamma & Q + C^{-1}E \end{bmatrix} \begin{bmatrix} b \\ \alpha \end{bmatrix} = \begin{bmatrix} 0 \\ y \end{bmatrix} \tag{6-4}$$

式（6-4）中

$y = [y_1, y_2, \cdots, y_n]^{\mathrm{T}}$；

$\alpha = [\alpha_1, \alpha_2, \cdots, \alpha_n]^{\mathrm{T}}$；

$\varGamma = [1, 1, \cdots, 1]^{\mathrm{T}}$；

E 为单位矩阵；

$$Q_{ij} = \varphi(x_i) \cdot \varphi(x_j) = K(x_i, x_j), \quad i, j = 1, 2, \cdots, n_\circ$$

式中，$K(x_i, x_j)$ 称为核函数，主要有多项式核函数，高斯径向基（RBF）核函数和 Sigmoid 核函数等。核函数的选取还没有一般性的结论，目前的共识是在没有相关先验知识的情况下，一般选择高斯径向基核函数，因其对线性、非线性系统均有良好的逼近能力，公式为

$$K(x_i, x_j) = \exp\left(-\frac{|x_i - x_j|^2}{2\sigma^2}\right) \tag{6-5}$$

6.1.2 LSSVM 参数优化

采用径向基核函数的 LSSVM 模型的主要参数是惩罚因子 γ 和径向基函数的参数 σ^2，这两个参数在很大程度上决定了该模型的学习能力、预测能力和泛化能力。

此处采用 K 折交叉验证（K-fold Cross Validation）的网格搜索法（grid search）。其基本原理是让两个参数在一定范围划分网格并遍历网格内所有点进行取值，用交叉验证得到该组训练集下的分类准确率，最终取准确率最高的那一组参数值作为最佳参数。具体步骤如下：

步骤 1：在进行网格搜索以前，给参数 γ 和 σ^2 赋予一个初始值，并确定参数搜索范围。

步骤 2：根据参数初始值，利用 K 折交叉验证网格搜索进行参数寻优计算。评价函数为验证集的样本均方差，当均方差最小时获得最优参数组合。

步骤 3：输出寻优参数对应的模型。

步骤 4：预测训练样本，并与验证样本比较，输出结果。

具体流程如图 6-1 所示。

6.1.3 滚动时间窗

假定有一 L 组连续记录数据，系统当前的状态主要由过去时刻到当前时刻的该组记录数据来描述，即系统当前的建模信息可以从当前起到过去的组记录数据中得到。因此，可以用 L 组数据建模。随着系统的运行，新的输入数据不断得到。为了使模型能准确地反映系统的当前状态，就要用新的数据描述模型。所以，可以建立一个随时间滚动的数据区间，并保持该区间长度 L 不变。当有一个新数据加入时，最早的一个数据相应地从 L 区间滚动出去。随着系统的运行，数据区间不断地更新，模型也相应地由新区间的数据不断

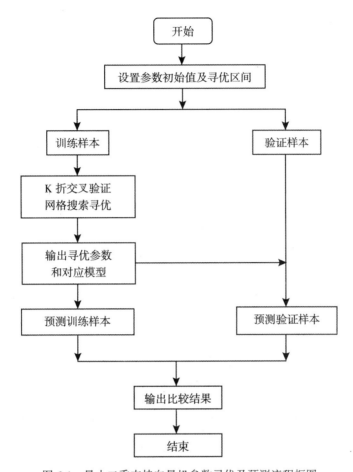

图 6-1　最小二乘支持向量机参数寻优及预测流程框图

更新。

如图 6-2 所示，假设当前状态的时刻为 $t+L$，建模数据为 t 时刻到 $t+L$ 时刻的 L 区间内的数据。先用 L 区间内的数据建立模型，并对下一时刻进行预测。等到下一个时刻 $t+L+1$ 时，新的测量数据加入，t 时刻数据被剔除，模型将由 $t+1$ 到 $t+L+1$ 的工区间内数据建立。

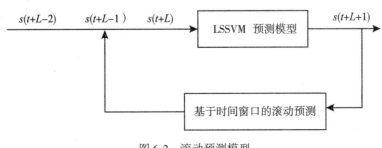

图 6-2　滚动预测模型

6.1.4 实例分析

选取某地区沉降监测网中的 4 个监测点 S_1，S_2，S_3 和 S_4 的沉降监测数据，分布建立最小二乘支持向量机模型。通过采用 K 折交叉验证的网格搜索法搜索和优化参数，计算结果如表 6-1 所示。

表 6-1　　　　　　　惩罚因子 γ 和径向基函数的参数 σ^2

测　点	γ	σ^2
S_1	1.493	2.519
S_2	1.300	2.365
S_3	1.728	1.484
S_4	2.619	1.104

对于各个测点，以前 15 期沉降观测值作为训练样本，后 5 期观测数据作为检验样本，计算结果如表 6-2~表 6-5 所示。

表 6-2　　　　　　　S_1 的沉降观测值与预测值

观测日期	实测值/(mm)	预测值/(mm)	绝对误差/(mm)	相对误差/(%)
2011/2/1	23.7	24.49	0.79	3.23%
2011/5/1	25.4	25.65	0.25	0.97%
2011/8/1	27.7	27.44	−0.26	−0.96%
2011/11/1	28.0	27.22	−0.78	−2.85%

表 6-3　　　　　　　S_2 的沉降观测值与预测值

观测日期	实测值/(mm)	预测值/(mm)	绝对误差/(mm)	相对误差/(%)
2011/2/1	44.8	45.30	0.50	1.10
2011/5/1	46.7	47.01	0.31	0.66
2011/8/1	49.9	48.97	−0.93	−0.19
2011/11/1	49.1	49.04	−0.06	−0.12

表 6-4 S_3 的沉降观测值与预测值

观测日期	实测值/(mm)	预测值/(mm)	绝对误差/(mm)	相对误差/(%)
2011/2/1	161.3	161.33	0.03	0.02
2011/5/1	171.6	167.59	−4.01	−2.40
2011/8/1	170.4	173.25	2.85	1.65
2011/11/1	175.4	173.63	−1.77	−1.02

表 6-5 S_4 的沉降观测值与预测值

观测日期	实测值/(mm)	预测值/(mm)	绝对误差/(mm)	相对误差/(%)
2011/2/1	170.4	130.95	−39.45	−30.13
2011/5/1	187.5	133.62	−53.88	−40.33
2011/8/1	194.3	134.67	−59.63	−44.27
2011/11/1	196.9	134.74	−62.16	−46.13

所得计算结果的均方根误差和平均相对误差如表 6-6 所示。

表 6-6 均方根误差(RMSE)和平均相对误差(MAPE)

测点	RMSE	MAPE/%
S_1	0.5830	2.00
S_2	0.5533	0.95
S_3	2.6170	1.27
S_4	54.4938	40.21

由表 6-2~表 6-5 中的数据可以看出，LSSVM 模型的预测效果比较好。通过 K 折交叉验证的网格搜索法对最优参数进行搜索，再通过最优参数对进行数值预测，最后所得数据预测值能够达到较好的预测精度。但是从表 6-5 中的数据可以发现，点 S_4 处发生了沉降突变，LSSVM 模型的预测出现了较大的偏差，这说明利用滚动时间模型和 LSSVM 模型对于沉降突变的预测存在一定的缺陷，如何修正模型以取得较好的预测结果还需要进一步的研究。

6.2 Kriging 插值模型

Kriging 方法又称为空间局部插值法，是以变异函数理论和结构分析为基础，在有限区域内对区域化变量进行无偏最优估计的一种插值方法，是统计学的主要内容之一。南非矿产工程师 D. R. Krige(1951) 在寻找金矿时首次运用这种方法，法国著名统计学家

G. Matheron 随后将该方法理论化、系统化,并命名为 Kriging,即克里金方法。

Kriging 模型的建立依据是区域化变量存在时空相关性,模型是以变异函数理论分析为基础,对有限区域内区域化变量的未知采样点进行线性无偏、最优估计。无偏是指偏差的期望为零,最优是指方差最小。综上所述,Kriging 模型是将目标点有限邻域内的若干样本点作为参考数据,在考虑了样本点的形状、大小和空间方位、与未知样点的相互空间位置关系以及变异函数提供的结构信息之后,对目标点进行的一种线性无偏最优估计。

6.2.1　前提假设

1. 随机过程

Kriging 方法认为所有的样本都不是相互独立的,它们之间相互联系,遵循一定的内在规律,样本值是随机过程的结果,通过分析探索样本间的规律,建立预测模型。

2. 正态分布

Kriging 方法要求大量样本必须服从正态分布。若样本不符合正态分布的假设,应选择可逆变换的形式先对数据进行正态化转换,模型预测结束后,再转换成原数据格式。

3. 平稳性假设

在统计学中,人们认为对于大量重复的观察,可以进行统计和预测,并了解推断的变化性和不确定性。对于大部分的空间数据而言,平稳性的假设是普遍的。其中主要有两种平稳性:一种是均值平稳,即均值是与位置无关的不变量;另一种是与协方差函数有关的二阶平稳和与变异函数有关的内蕴平稳。

6.2.2　区域化变量

当一个变量呈现一定的时间、空间分布时,称之为区域化变量,区域化变量代表着区域内的某种特征或现象。区域化变量是与时间和位置有关的变量,而当其时间和位置确定时,区域化变量就呈现出一般随机变量的特性,符合一定的概率分布。

根据其定义,区域化变量呈现出两个明显的特征:随机性和结构性。随机性表现在区域化变量是一个具有局部的、随机的、异常特征的随机变量,而结构性表现在区域化变量在点 x 与偏离空间距离为 h 的点 $x+h$ 处的值 $z(x)$ 和 $z(x+h)$ 具有一定程度的自相关性,而这种自相关性取决于两点间的距离 h 及变量特征。另外,区域化变量还具有空间局限性、不同程度的连续性和不同程度的各向异性等特征。

6.2.3　变异分析

变异函数是统计分析中的一种特有函数,是将区域化变量 $Z(x)$ 在点 x 和点 $x+h$ 处的值 $Z(x)$ 与 $Z(x+h)$ 之差的方差的一半记为 $Z(x)$ 的变异函数,符号表示为 $\gamma(x, h)$。

根据定义变异函数的数学表示为

$$\gamma(x, h) = \frac{1}{2}D[Z(x) - Z(x+h)] \tag{6-6}$$

即

$$\gamma(x,\ h) = \frac{1}{2}E[Z(x) - Z(x+h)]^2 - \frac{1}{2}\{E[Z(x) - Z(x+h)]\}^2 \tag{6-7}$$

由于 $Z(x)$ 满足二阶平稳假设,因此对于任意的 h 有

$$E[Z(x+h)] = E[Z(x)] \tag{6-8}$$

故变异函数可以改写为

$$\gamma(x,\ h) = \frac{1}{2}E[Z(x) - Z(x+h)]^2 \tag{6-9}$$

由上式可以看出变异函数是依赖于自变量 x 和 h 的量,而当位置 x 确定时变异函数 $\gamma(x,\ h)$ 仅仅与距离 h 有关,此时,$\gamma(x,\ h)$ 可以改写为 $\gamma(h)$,即

$$\gamma(h) = \frac{1}{2}E[Z(x) - Z(x+h)]^2 \tag{6-10}$$

具体表示为

$$\gamma(h) = \frac{1}{2N(h)}\sum_{i=1}^{N(h)}[Z(x) - Z(x+h)]^2 \tag{6-11}$$

式中,$Z(x)$ 是样本点 x 的值;$Z(x+h)$ 是偏离样本点 x 处距离为 h 的样本值;h 为样本点的分隔距离;$N(h)$ 是分隔距离为 h 时的样本点对总数。

6.2.4　Kriging 单点插值模型

普通 Kriging 的基本数学模型为

$$Z^*(X_p) = \sum_{i=1}^{n}\lambda_i Z(X_i) \tag{6-12}$$

式中,$Z^*(X_p)$ 是预测点的估计值,$Z(X_i)$ 是预测点邻域内参与预测的参考点的值,λ_i 为 Kriging 权系数,λ_i 是在无偏性和最小方差性的条件下,依赖于变异函数的计算结果而确定的。

1. 无偏性条件

假定随机函数 $Z(x)$ 的期望是平稳的,要使 $Z^*(X_p)$ 是 $Z(x)$ 的无偏估计量,即要求

$$E\{Z^*(X_p) - Z(X)\} = E\left\{\sum_{i=1}^{n}\lambda_i Z(X_i) - Z(x)\right\} = 0 \tag{6-13}$$

在二阶平稳及内蕴平稳的假设下,$E\{Z(X)\} = E\{Z(X_i)\} = m$,得到无偏条件

$$\sum_{i=1}^{n}\lambda_i = 1 \tag{6-14}$$

2. 最小方差条件

在满足无偏条件的前提下,使方差达到最小,即

$$E[Z(X_p) - Z^*(X_p)]^2 = \sigma_k^2 = \min \tag{6-15}$$

$$\sigma_k^2 = \overline{\gamma}(p) - 2\sum_{i=1}^{n}\lambda_i\overline{\gamma}(i,\ p) + \sum_{i=1}^{n}\sum_{j=1}^{n}\lambda_i\lambda_j\gamma(i,\ j) \tag{6-16}$$

3. Kriging 插值法方程组

按方差最小原则求解 Kriging 权系数,这是一个用拉格朗日乘数法求解目标函数的条

件极值问题，为此构造函数

$$F = \sigma_k^2 + 2\mu \left(\sum_{i=1}^{n} - 1 \right) \tag{6-17}$$

式中，μ 称为拉格朗日乘数。

求 F 对 λ_i 的偏导数，令其等于零，即

$$\frac{\partial f}{\partial \lambda_i} = - \gamma(i,\ p) + \sum_{j=1}^{n} \lambda_j \gamma(i,\ j) + \mu = 0 \tag{6-18}$$

将上式整理，并与无偏条件联立，得到正规方程组

$$\sum_{j=1}^{n} \lambda_i \gamma(i,\ j) + \mu = \bar{\gamma}(i,\ p) \tag{6-19}$$

$$\sum_{i=1}^{n} \lambda_i = 1 \tag{6-20}$$

将 $\gamma(i,\ j)$，$\bar{\gamma}(i,\ p)$ 分别简写成 γ_{ij}，$\bar{\gamma}_{ip}$ 并将上式展开成矩阵形式

$$\begin{bmatrix} \gamma_{11} & \gamma_{12} & \cdots & \gamma_{1n} & 1 \\ \gamma_{21} & \gamma_{22} & \cdots & \gamma_{2n} & 1 \\ \vdots & \vdots & & \vdots & \vdots \\ \gamma_{n1} & \gamma_{n2} & \cdots & \gamma_{nn} & 1 \\ 1 & 1 & \cdots & 1 & 0 \end{bmatrix} \begin{bmatrix} \lambda_1 \\ \lambda_2 \\ \vdots \\ \lambda_n \\ \mu \end{bmatrix} = \begin{bmatrix} \bar{\gamma}_{1p} \\ \bar{\gamma}_{2p} \\ \vdots \\ \bar{\gamma}_{np} \\ 1 \end{bmatrix} \tag{6-21}$$

即

$$K\lambda = M \quad \text{或} \quad \lambda = K^{-1}M \tag{6-22}$$

式中，拉格朗日乘数正好等于已知点的离散方差

$$\sum_{i=1}^{n} \sum_{j=1}^{n} \lambda_i \lambda_j \gamma(i,\ j) = \mu \tag{6-23}$$

从而构成了 Kriging 插值法方差中的一个固定项。

4. 估计方差

Kriging 插值法对于单个预测点的估计方差为

$$\sigma_k^{*2} = \sum_{i=1}^{n} \lambda_i \bar{\gamma}(i,\ p) - \bar{\gamma}(p) - \mu \tag{6-24}$$

6.2.5 实例分析

为了解某地区的地面沉降情况，进一步做好灾害预警预报工作。选取地面沉降量作为区域化变量，根据在参考点上测定的沉降值进行插值计算，与时域插值进行对比，其具体步骤如下：

(1)提取区域内已知点的沉降数据 Δh_i 及相应的坐标 $(x_i,\ y_i)i = 1,\ 2,\ \cdots,\ N$，并作相应的规范化处理。

(2)计算已知数据点之间的距离 h_{ij}

$$h_{ij} = \sqrt{(x_i - x_j)^2 + (y_i - y_j)^2} \tag{6-25}$$

88

式中，$i = 1, 2, \cdots, N$；$j = 1, 2, \cdots, N$。

（3）对上式中计算的距离进行分组，用 $\{h'_m\}$ 表示

$$\{h'_m\} = m \times \frac{(\max h_{ij} - \min h_{ij})}{N_H} \qquad (6\text{-}26)$$

式中，N_H 表示距离组的个数，其中 $m = 1, 2, \cdots, N_H$。在划分距离组时需保证变异函数中有意义的参数，至少要划分 3~4 组来计算变异函数 $\gamma^*(h'_m)$，即 $N_H \geq 4$，另外也要保证每个距离组包含足够多的数据，以便真实地反映空间分布特征。

（4）计算各距离组所对应的变异函数 $\gamma^*(h'_m)$ 的估计值

$$\gamma^*(h'_m) = \frac{1}{2n(h'_m)} \sum_{i=1}^{N(h'_m)} \left[\Delta h_i(x_i, y_i) - \Delta h_i(x_i + h, y_i + h) \right]^2 \qquad (6\text{-}27)$$

式中，$N(h'_m)$ 表示相隔距离矢量 h 的所有已知点对的个数。

（5）根据计算的 $\gamma^*(h'_m)$，选择合适的变异函数模型进行拟合，以获得区域内任意距离 h 下的 $\gamma(h)$。常用的变异函数模型有球状模型、指数模型和高斯模型，本节以指数变异函数模型为例。

（6）计算预测点邻域内参与预测的参考点之间的距离及预测点的变异函数值 $\gamma(h)$，进而利用公式（6-22）求解诸参考点到预测点的 Kriging 权系数 λ_i。

（7）根据求得的 Kriging 权系数 λ_i，利用公式（6-12）求算预测点 Kriging 插值的估计值。

（8）利用公式（6-23）计算拉格朗日乘数 μ，进而利用公式（6-24）给出预测点的估计误差。

（9）重复步骤（6）~步骤（8），求算各预测点的地面沉降量。

为了测试 Kriging 插值算法的准确性和可靠性，本实验以某地区沉降监测的实测数据为例进行分析。该测区共有 25 个控制点，控制点分布均匀且地面沉降变化缓慢。本次测试选择 16 个控制点作为参考点进行学习，其余 9 个点作为检核点。首先按式（6-26）给出的选取距离组的原则，将距离值划分为 9 个分组 $\{h'_m\}$，求出对应距离组的变异函数的估计量 $\gamma^*(h'_m)$，如表 6-7 所示，拟合变异函数，进而计算 Kriging 权系数，并对检核点的插值结果进行检验，将检验的结果与二次曲面插值进行比较，结果如表 6-8、表 6-9 所示。

表 6-7　　　　　　　距离组 $\{h'_m\}$、变异函数估计值 $\gamma^*(h'_m)$　　　　（单位：mm²）

组号	1	2	3	4	5	6	7	8	9
$\{h'_m\}$	1.389	2.084	2.778	3.474	4.169	4.864	5.559	6.254	6.949
$\gamma^*(h'_m)$	2.372	3.809	2.624	5.54	9.804	9.319	12.973	16.023	13.094

表 6-8　　　　　　　检核点插值精度检验结果　　　　（单位：mm）

检核点序号	实测值	Kriging 插值	残差 Δ	二次曲面插值	残差 Δ
1	8.4	8.3	−0.1	6.2	−2.2

续表

检核点序号	实测值	Kriging 插值	残差 Δ	二次曲面插值	残差 Δ
2	8.3	9.8	1.5	9.6	1.3
3	10.9	11.6	0.7	11.1	0.2
4	8.2	8.3	0.1	7.5	0.7
5	11.4	12.1	2.0	13.0	1.6
6	10.7	10.3	−0.4	10.3	−0.4
7	9.1	9.5	0.4	8.7	−0.4
8	9.7	10.7	1.0	10.1	0.4
9	10.3	11.8	1.5	12.1	1.9

表 6-9　　　　　　　　　　Kriging、二次曲面插值误差检验结果

方法	Kriging	二次曲面插值
插值误差/mm	1.1	1.3

由表 6-7 和表 6-8 可知，在沉降变化平缓的地区，采取二次曲面插值可以取得较好的效果，其最大残差为 2.2mm，误差均方差为 1.3mm；Kriging 插值的效果也比较理想，其最大残差为 2.0mm，误差均方差为 1.1mm。从图 6-3 和图 6-4 中，可以直观地看出 Kriging 插值的精度明显要高，而且残差值变化比较平缓。

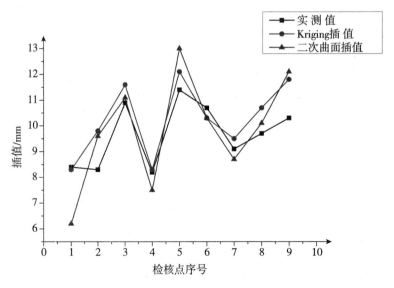

图 6-3　Kriging、二次曲面插值效果图

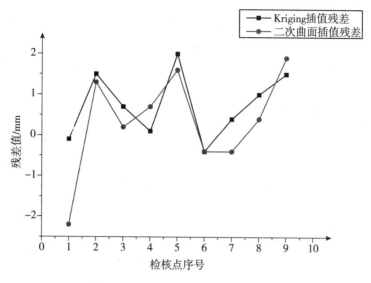

图 6-4　Kriging、二次曲面插值残差图

6.3　小波神经网络模型

小波分析是以数学理论中的调和分析为基础发展起来的一种多分辨率的分析方法，其最大的特点是在时域和频域同时具有良好的局部化性能，有一个灵活可变的时间—频率窗。小波神经网络结合了小波分析良好的视频局部化性质及神经网络的自学习功能，因而具有较强的逼近能力及容错能力、较快的收敛速度和较好的预报效果。

6.3.1　小波神经网络的结构形式

小波分析和神经网络各有所长，两者相互结合的方式通常有两种：一种是辅助式结合；另一种是嵌套式结合。

1. 辅助式结合

小波与神经网络的辅助式结合，也称为松散型结合方式，即将小波分析作为神经网络的前置预处理手段，为神经网络提供输入特征向量，然后再用传统的神经网络进行处理。

小波与神经网络辅助式结合的研究方法也可以再分为两类：其一是先将输入信号进行一次小波变换，在小波域进行必要的信号处理，然后再进行小波逆变换，并将此时的输出信号作为神经网络的输入，其结构如图 6-5(a)所示。此过程相当于利用小波变换对信号进行分析，然后利用小波逆变换对信号进行重建。其优点是可以为神经网络后续处理排除某些干扰因素，增强神经网络输入信号的可能。

另一类方法如图 6-5(b)所示：即先将输入信号进行小波变换，然后把变换后的小波域信号作为神经网络的输入，因为经过小波变换已经把一个混频信号分解为若干个互不重叠的频带中的信号，相当于对原始信号进行了滤波或检波，这时将其作为神经网络的输入

91

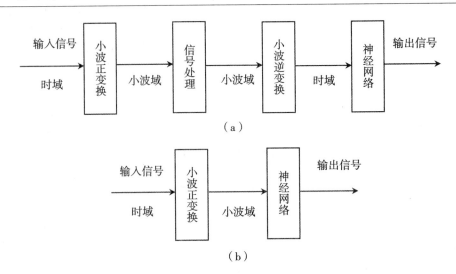

图 6-5　辅助式结合小波神经网络模型

也可以取得很好的效果。

2. 嵌套式结合

小波与神经网络的嵌套式结合，也称为紧致型结合，这是目前大量研究小波神经网络的文献中广泛采用的一种结构形式，如图 6-6 所示。其基本思想由 Zhang Qinghua 和 Benveniste 于 1992 年正式提出，即用小波函数来代替常规神经网络的隐含层函数，同时相应的输入层到隐含层的权值和阈值分别由小波基函数的尺度函数和平移参数来代替。

由于小波函数构造的多样性和复杂性，决定了小波神经网络构造的多样性和复杂性。按照小波基函数的选取，可以将该结合方式分为以下两类：

（1）用小波函数之间代替隐含层函数

基本结构如图 6-6 所示，其中 $x_i(i = 1, 2, \cdots, n)$ 为输入样本，$\varphi_k(k = 1, 2, \cdots, l)$ 为小波基函数，$f_j(j = 1, 2, \cdots, m)$ 为网络的输出，同时用 ω_{ki} 表示隐含层第 k 个神经元与输入层第 i 个神经元之间的连接权值，ω_{jk} 表示输出层第 j 个神经元与隐含层第 k 个神经元之间的连接权值，则根据所选取的小波基函数的连续性不同，可以将该模型分为连续参数的小波神经网络和基于小波框架的小波神经网络两种：

①连续参数的小波神经网络

即 $\varphi_k = \varphi\left(\dfrac{x - b_k}{a_k}\right)$，其中 φ 为小波函数，a_k、b_k 分别为该小波基函数的尺度参数和平移参数，此时神经网络的输出 f_j 可以表示为

$$f_j = \sum_{k=1}^{l} \omega_{jk}\varphi_k = \sum_{k=1}^{l} \omega_{jk}\varphi\left(\frac{\sum_{i=1}^{n} \omega_{ki}x_i - b_k}{a_k}\right) \quad (j = 1, 2, \cdots, m) \tag{6-28}$$

隐含层节点激励函数一般用 Morlet 和 Mexican Hat 等连续小波。

②离散小波神经网络

即 $\varphi_k = \varphi(a_0^{-l_k}x - m_k b_0)$，其中 a_0、b_0 分别为伸缩和平移的基本单位，此时神经网络的

输出 f_j 可以表示为

$$f_j = \sum_{k=1}^{l} \omega_{jk}\varphi_k = \sum_{k=1}^{l} \omega_{jk}\varphi\left(\sum_{i=1}^{n} \omega_{ki}a_0^{-l_k}x - m_k b_0\right) \quad (j = 1,\ 2,\ \cdots,\ m) \qquad (6\text{-}29)$$

隐含层节点的激励函数一般采用离散小波或小波框架。

由小波函数直接代替隐含层函数构成的神经网络模型，其训练与学习可以采用与传统的神经网络完全相同的方法进行。

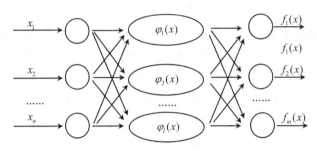

图 6-6　嵌套式结合小波神经网络模型

（2）基于多分辨率分析理论的小波神经网络

基于多分辨率分析理论的小波神经网络由输入层、隐含层和输出层组成，而隐含层包含两种节点：尺度函数节点（φ 节点）和小波基函数节点（ψ 节点）。其学习算法由 Moody 于 1989 年提出，该算法给出了网络输出在不同尺度上逼近的递推方法，具体描述为

$$f_{M-N}(x) = \sum_{k=1}^{n_M} a_{Mk}\varphi_{Mk}(x) + \sum_{m=1}^{N2^{m-1}} \sum_{k_m=1}^{n_M} d_{mk_m}\psi_{mk_m}(x) \qquad (6\text{-}30)$$

式中，M 为函数逼近的最粗尺度（亦即最小分辨率），n_M 为由给定的逼近误差自适应确定的尺度函数 φ 节点的个数，$f_{M-N}(x)$ 为在 2^{M-N} 分辨率上对函数的逼近。

6.3.2　基于遗传算法优化的小波神经网络

遗传算法（Genetic Algorithm）是模拟达尔文生物进化论的自然选择和遗传学机理的生物进化过程的计算模型，是一种通过模拟自然进化过程搜索最优解的方法。该方法是从代表问题可能潜在的解集的一个种群开始的，而一个种群则由经过基因编码的一定数目的个体组成。每个个体实际上是染色体带有特征的实体。在一开始需要实现从表现型到基因型的映射，即编码工作。初代种群产生之后，按照适者生存和优胜劣汰的原理，逐代演化产生出越来越好的近似解，在每一代，根据问题域中个体的适应度大小选择个体，并借助于自然遗传学的遗传算子进行组合交叉和变异，产生出代表新的解集的种群。这个过程将导致种群像自然进化一样得到的后代种群比前代更加适应于环境，末代种群中的最优个体经过解码，可以作为问题近似最优解。遗传算法是一类可用于复杂系统优化的具有鲁棒性的搜索算法，以决策变量的编码作为运算对象，可以借鉴生物学中的染色体和基因的概念，模仿自然界生物的遗传和进化机理，也能够方便地应用遗传操作算子，并具有隐含并行性和使用概率搜索技术等优点。

在小波神经网络的结构下，利用遗传算法对网络各个参数进行优化，优化步骤如下：

(1) 对每个个体对应的小波网络中的权系数 ω_{ki}、ω_{jk}，伸缩因子 a_k，平移因子 b_k 进行初始化编码。并对交叉规模，交叉概率 P_c，突变概率 P_m，初始种群数，遗传代数进行设定初值。

(2) 个体 s 的适应度函数 $f(s)$ 为

$$f(s) = \frac{1}{1 + E} \tag{6-31}$$

式中，$E = \frac{1}{2} \sum_{k=1}^{K} (\overline{y_k} - y_k)^2$ 为均方误差函数。

选择若干适应度最大的个体，直接遗传个体的下一代。采用适应度比例方法进行选择操作。在该方法中，各个个体的选择概率其适应度值成比例。在当前父代和子代中，为了不使适应度最大的个体被淘汰，采用父代适应度最大的个体替代遗传操作后产生的个体适应度最差的个体。计算每一个个体的适应度值并将按照"轮盘赌"选择方法进行排序，按下式概率选择个体

$$p_S = \frac{p \times f(s)}{\sum_{s=1}^{m} f(s)} \tag{6-32}$$

式中：f 为适应度值；p 为种群数目；s 为染色体个数。

(3) 按照一定的概率 P_c 从复制过的种群中随机选择两个个体进行交叉，其自适应调整公式为

$$P_c = \begin{cases} \dfrac{k_1(f_{max} - f_c')}{(f_{max} - f_{avg})}, & f_c' \geqslant f_{avg}, \ f_c' \neq f_{max} \\ k_2, & f_c' < f_{avg} \\ k_3, & f_c' = f_{max} \end{cases} \tag{6-33}$$

式中：$k_i \in (0, 1)(i = 1, 2, 3)$，且 $k_3 < k_2$。

(4) 利用概率 P_m 变异产生新的个体，公式为

$$P_m = \begin{cases} \dfrac{k_4(f_{max} - f_m')}{(f_{max} - f_{avg})}, & f_m' \geqslant f_{avg}, \ f_m' \neq f_{max} \\ k_5, & f_m' < f_{avg} \\ k_6, & f_m' = f_{max} \end{cases} \tag{6-34}$$

式中：$k_i \in (0, 1)(i = 4, 5, 6)$，且 $k_6 < k_5$。

(5) 将新个体插入到种群 P 中，并计算新个体的适应度值。

(6) 如果达到预设值或结束条件，则结束，否则转步骤(3)，将最终群体中的最优个体解码作为优化的小波神经网络的连接权值、伸缩和平移尺度。

6.3.3 实例分析

从影响地面沉降的众多因素来看，地下水位的变化是导致地面沉降的一个重要原因。本节研究地区的地下水水量丰富，埋深浅。黏性土层淤泥质粉质黏土含水量大，透水性弱，固结过程漫长。含水层和相邻的弱透水层含水量大，透水性强。

为了研究分析该地区地下水水位与地面沉降的相关性，选取 1 个水位因子 H；另外，地面沉降在时间上具有一定的延续性和滞后性，所以选取两个时效因子 θ 和 $\ln\theta$；同时选取上一期沉降量作为输入因子。输出因子为累计沉降量。这样，网络输入因子数为 4，输出因子数为 1。

本节选取该地区沉降监测网中的两个监测点 A_1 和 A_2，分别用基于 GA—BP 算法的小波神经网络将各个因子的实测值作为网络的训练样本进行训练和拟合。同时与 BP 小波神经网络模型的计算结果进行比较。

表 6-10 和表 6-11 为两个监测点的拟合结果。从模型的计算结果可以发现，基于 GA—BP 算法的小波神经网络和 BP 小波神经网络的拟合精度都比较高。在模型精度相同的情况下，前者的收敛速度明显快于后者。如图 6-7、图 6-8 所示。

表 6-10　　　　　　　　　　　　监测点 A_1 的拟合结果　　　　　　　　　　（单位：mm）

期数	实测值	GA—BP 小波神经网络			BP 小波神经网络		
		训练次数	拟合值	拟合误差	训练次数	拟合值	拟合误差
1	17.9		17.94	-0.04		17.89	0.01
2	40.5		40.49	0.01		40.25	0.25
3	41.2		41.19	0.01		41.00	0.20
4	50.0	167	49.79	0.21	309	49.87	0.13
5	50.4		50.61	-0.21		50.08	0.32
6	57.8		57.93	-0.13		57.16	0.64
7	59.9		59.77	0.13		59.65	0.25
模型精度		0.115			0.337		

表 6-11　　　　　　　　　　　　监测点 A_2 的拟合结果　　　　　　　　　　（单位：mm）

期数	实测值	GA—BP 小波神经网络			BP 小波神经网络		
		训练次数	拟合值	拟合误差	训练次数	拟合值	拟合误差
1	38.3		38.62	-0.32		38.28	0.02
2	88.0		87.99	0.01		88.03	-0.03
3	103.1		103.14	-0.04		103.04	-0.03
4	116.4	171	115.99	0.41	277	116.40	0.00
5	121.2		121.74	-0.54		121.17	0.03
6	134.6		134.24	0.36		135.25	-0.65
7	139.6		139.69	-0.09		139.07	0.53
模型精度		0.344			0.343		

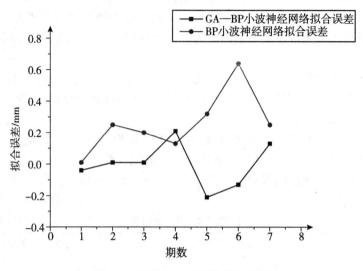

图 6-7　监测点 A_1 的拟合误差曲线

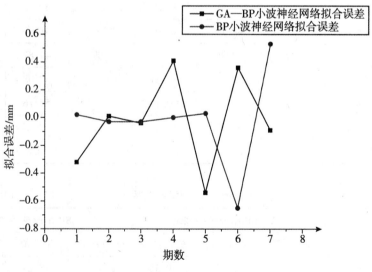

图 6-8　监测点 A_2 的拟合误差曲线

6.4　生命旋回模型

生命旋回模型是由我国科学院院士翁文波教授于 20 世纪 80 年代中期提出的一种著名预测理论，该模型针对事物生命总量有限体系而言，从系统辨识理论和控制论的观点出发，从时间流中考察随机序列变化的非线性系统特征，为一种功能模拟模型，只要系统的输出能达到所需的精度，模型的实用性也就得到肯定。

6.4.1　生命旋回预测模型

生命旋回模型机适用于单调递增或单调递减的非线性随机系统，也适用于二者共存的非线性随机过程。

假设序列 $Q(t)$ 在随时间 t 的变化过程中，正比于 t 的 n 次方函数，又随着 t 的负指数函数衰减。这种过程可以用下式来表示

$$\begin{cases} Q(t) = At^n e^{-t} \\ t = \dfrac{y - y_0}{c} \end{cases} \tag{6-35}$$

式中：$Q(t)$ 为拟合或预测的序列值；t 为离散时间，单位为年；y 为待预测的时间，单位为年；y_0 为预测的起始时间，单位为年；A、n、c 为待定参数。

令 $B = y - y_0$，则上式可以表示为

$$Q(t) = b \times t^n \times e^{at} \tag{6-36}$$

式中：$b = \dfrac{A}{c^n}$，$t = B$，$a = \dfrac{-1}{c}$。

对上式两边取对数得

$$\ln Q(t) = \ln b + n \ln t + at \tag{6-37}$$

式中包含三个未知数 a、n、b，因此需要列出三元联立方程组求解。一般需要将预测目标历史数据分成 3 组，得到包含 3 个未知数的联立方程组；然后通过求解方程组，计算得出预测模型的 3 个参数。设总的历史数据为 $(m_1 + m_2 + m_3)$ 个，第一组为 m_1 个，第二组为 m_2 个，第三组为 m_3 个，得到以下方程组

$$\begin{cases} \displaystyle\sum_{i=1}^{m_1} \ln Q(t_i) = m_1 \ln b + n \sum_{i=1}^{m_1} \ln t_i + a \sum_{i=1}^{m_1} t_i \\[2mm] \displaystyle\sum_{i=m_1+1}^{m_1+m_2} \ln Q(t_i) = m_2 \ln b + n \sum_{i=m_1+1}^{m_1+m_2} \ln t_i + a \sum_{i=m_1+1}^{m_1+m_2} t_i \\[2mm] \displaystyle\sum_{i=m_1+m_2+1}^{m_1+m_2+m_3} \ln Q(t_i) = m_3 \ln b + n \sum_{i=m_1+m_2+1}^{m_1+m_2+m_3} \ln t_i + a \sum_{i=m_1+m_2+1}^{m_1+m_2+m_3} t_i \end{cases} \tag{6-38}$$

6.4.2　马尔可夫链预测模型

马尔可夫理论是数学家 Markov 于 1907 年研究布朗运动过程时建立的研究随机过程的重要数学工具。一般将状态离散、时间离散的马尔可夫过程称为马尔可夫链，是一种广泛应用的预测方法。根据马尔可夫链，将残差序列分成若干状态，以 E_1，E_2，$\cdots$，E_n 来表示。按时序将转移时间取为 t_1，t_2，$\cdots$，t_n，P_{ij}^k 表示由状态 E_i 经过 k 步变为 E_j 的概率，即

$$P_{ij}^k = \frac{n_{ij}^k}{N_i} \tag{6-39}$$

式中：n_{ij}^k 表示由状态 E_i 经过 k 步变为 E_j 的次数，N_i 表示状态 E_i 出现的总次数。则 k 步状态

转移概率矩阵为

$$
\boldsymbol{P}^{(k)} =
\begin{bmatrix}
p_{11}^{k} & p_{12}^{k} & \cdots & p_{1n}^{k} \\
p_{21}^{k} & p_{22}^{k} & \cdots & p_{2n}^{k} \\
\vdots & \vdots & & \vdots \\
p_{n1}^{k} & p_{n2}^{k} & \cdots & p_{nm}^{k}
\end{bmatrix}
\tag{6-40}
$$

设初始状态 E_i 的初始向量为 $\boldsymbol{V}^{(0)}$，经过 k 步转移后，向量 $\boldsymbol{V}^{(k)}$ 为

$$
\boldsymbol{V}^{(k)} = \boldsymbol{V}^{(0)} \cdot \boldsymbol{P}^{(k)}
\tag{6-41}
$$

由此可以建立马尔可夫链残差修正模型的数学方程为

$$
\begin{bmatrix}
x_1(k+1) \\
x_2(k+1) \\
\vdots \\
x_n(k+1)
\end{bmatrix}
=
\begin{bmatrix}
p_{11}^{k} & p_{12}^{k} & \cdots & p_{1n}^{k} \\
p_{21}^{k} & p_{22}^{k} & \cdots & p_{2n}^{k} \\
\vdots & \vdots & & \vdots \\
p_{n1}^{k} & p_{n2}^{k} & \cdots & p_{nn}^{k}
\end{bmatrix}
\begin{bmatrix}
x_1(k) \\
x_2(k) \\
\vdots \\
x_n(k)
\end{bmatrix}
\tag{6-42}
$$

6.4.3　实例分析

本节以某地区地面沉降监测数据为例，采用生命旋回—Markov 链耦合模型进行预测，其计算步骤如下：

(1)取 $m_1 = m_2 = m_3 = 5$，解方程组得到 $a = -0.0014$，$n = 0.5811$，$b = 5.6905$，则预测方程为

$$
Q_{预}(t) = 5.6905 \times t^{0.5811} \times e^{-0.0014t}
\tag{6-43}
$$

一次残差计算公式为

$$
\Delta Q = Q(t) - Q_{预}(t)
\tag{6-44}
$$

由此可以计算出趋势拟合值 $Q_{预}(t)$ 和一次残差，同时计算出相对误差。

(2)通过对残差序列进行分析，决定以 -20%、-10%、10%、20% 为界限，将残差序列分为 5 个区间，残差序列状态划分如表 6-12 所示。

表 6-12　残差序列划分

状　态	1	2	3	4	5
概率区间/(%)	<-10	-10~-5	-5~5	5~10	>10

则相对误差序列所处状态如表 6-13 所示。

表 6-13　残差序列概率状态

期数	1	2	3	4	5	6	7	8	9	10	11	12	13	14	15
状态	1	1	1	1	3	2	4	5	3	3	5	2	2	2	5

(3)建立残差序列的概率转移矩阵，由表 6-13 及式(6-33)、式(6-34)可得步长为 1，

2，3，4，5 的 Markov 链的状态转移矩阵如下

$$\boldsymbol{P}^{(1)} = \begin{bmatrix} 3/4 & 0 & 1/4 & 0 & 0 \\ 0 & 0 & 0 & 0 & 1/1 \\ 0 & 1/3 & 1/3 & 0 & 1/3 \\ 0 & 0 & 0 & 0 & 1/1 \\ 0 & 1/1 & 0 & 0 & 0 \end{bmatrix} \tag{6-45}$$

$$\boldsymbol{P}^{(2)} = \begin{bmatrix} 2/4 & 1/4 & 1/4 & 0 & 0 \\ 0 & 1/3 & 0 & 0 & 2/3 \\ 0 & 1/3 & 0 & 1/3 & 1/3 \\ 0 & 0 & 1/1 & 0 & 0 \\ 0 & 1/2 & 1/2 & 0 & 0 \end{bmatrix} \tag{6-46}$$

$$\boldsymbol{P}^{(3)} = \begin{bmatrix} 1/4 & 1/4 & 1/4 & 1/4 & 0 \\ 0 & 0 & 1/2 & 0 & 1/2 \\ 0 & 2/3 & 0 & 0 & 1/3 \\ 0 & 0 & 1/1 & 0 & 0 \\ 0 & 1/2 & 0 & 0 & 1/2 \end{bmatrix} \tag{6-47}$$

$$\boldsymbol{P}^{(4)} = \begin{bmatrix} 0 & 1/4 & 1/4 & 1/4 & 1/4 \\ 0 & 0 & 1/2 & 0 & 1/2 \\ 0 & 2/3 & 1/3 & 0 & 0 \\ 0 & 0 & 0 & 0 & 1/1 \\ 0 & 1/2 & 0 & 0 & 1/2 \end{bmatrix} \tag{6-48}$$

$$\boldsymbol{P}^{(5)} = \begin{bmatrix} 0 & 1/4 & 1/4 & 1/4 & 1/4 \\ 0 & 0 & 0 & 0 & 1/1 \\ 0 & 1/3 & 1/3 & 0 & 1/3 \\ 0 & 1/1 & 0 & 0 & 0 \\ 0 & 1/1 & 0 & 0 & 0 \end{bmatrix} \tag{6-49}$$

分别以前面若干时段各自的残差为初始状态，提取状态转移概率矩阵中初始状态对应的行向量，组成新的概率矩阵，从而得到新组成的概率矩阵中残差处于该状态的预测概率，计算公式为

$$P_i = \sum_{i=1}^{5} P_i^{(k)} \tag{6-50}$$

当满足条件 $\max\{P_i, i \in I\} > 0.5$ 时，根据最大隶属度原则，取 $\max\{P_i, i \in I\}$ 所对应的状态 i 为该时段残差所处的状态。当所处状态位于状态 2，3，4 时，取区间的中值作为残差修正值权重，所处状态位于状态 1 和状态 5 时，取两个极值作为残差修正值权重。

用等维信息处理方式，对第 16、17、18、19 期的沉降数据做出预测，以第 16 期数据为例说明计算过程，如表 6-14 所示。

表 6-14　　　　　　　　　　第 16 期沉降数据残差状态预测结果

初始期数	状态	步长	状态转移概率				
			1	2	3	4	5
15	5	1	0	1/2	1/2	0	0
14	2	2	0	1/3	0	0	2/3
13	2	3	0	0	1/2	0	1/2
12	2	4	0	0	1/2	0	1/2
11	5	5	0	1/1	0	0	0
加权值			0	1.833	1.500	0	1.667

由表 6-14 可知，$\max\{P_i, i \in I\} = 1.833$，$i = 2$。根据最大隶属度原则，判定第 16 期数据的残差状态为 2，将残差修正值与生命旋回预测值进行叠加，得到第 16 期沉降数据为 25.8mm。

表 6-15 为计算得到的第 17、18 和 19 期沉降数据，分别为 28.8mm、29.8mm、30.7mm。将预测得到的第 16~19 期数据与实测数据相比较，得到这 4 期数据的相对误差分别为 6.86%、6.49%、3.87%、2.23%，平均相对误差为 4.86%，预测的精度达到 95.13%，由此可见，组合模型的预测效果较好。

表 6-15　　　　　　　生命旋回—马尔可夫链用于沉降预测的检验

序　列	已知期数	预测期数	实测值/(mm)	预测值/(mm)	相对误差/(%)
1	1-15	16	27.7	25.8	6.86
2	2-16	17	30.8	28.8	6.49
3	3-17	18	31.0	29.8	3.87
4	4-18	19	31.4	30.7	2.23

生命旋回模型在进行沉降趋势预测时具有对资料要求少、计算简单等优点，但是由于模型方程的限制，存在预测结果精度不够高、预测的精度波动较大等缺点，为了提高模型的预测精度，本章在该模型的基础上提出了生命旋回模型-Markov 组合模型。再应用生命旋回模型求出沉降趋势项，然后应用 Markov 模型对残差进行修正，提高预测精度。研究结果表明，该组合模型是一种有效的预测方法。

6.5　阿尔蒙分布模型

6.5.1　阿尔蒙模型的建立

某些变量之间的滞后因果关系，往往随着时间间隔的延伸而逐渐减弱。计量学中的几何分布滞后模型反映了变量的影响程度会随滞后期的延长而按几何级数递减，模型的建立步骤如下：

（1）提取统计信息，确定滞后解释变量 X_t、滞后被解释变量 Y_t 及滞后的期数 i。

（2）根据滞后解释变量 X_t、滞后被解释变量 Y_t 及滞后的期数 i，确定分布滞后模型，其中分布滞后模型为

$$Y_t = \alpha + \beta_0 X_t + \beta_1 X_{t-1} + \beta_2 X_{t-2} + \cdots + \beta_t X_{t-i} + \mu_t \tag{6-51}$$

式中：$\beta_s(s = 0, 1, 2, \cdots, i)$ 为回归系数，α 为常数项，μ_t 为回归误差项。

（3）利用一个关于 s 有限多项式分解滞后模型回归系数 β_s，其中回归系数表示为

$$\beta_s = \alpha_0 + \alpha_1(s - \bar{q}) + \alpha_2(s - \bar{q})^2 + \cdots + \alpha_k(s - \bar{q})^k \tag{6-52}$$

式中：$s = 0, 1, 2, \cdots, i$，$k < i$，α_0 为常数项。式（6-52）称为阿尔蒙多项式变换。$\bar{q}$ 为事先给定的常数。

（4）通过线性组合模型解释变量 X_t 得到新的滞后模型解释变量 $Z_{ht}(h = 0, 1, \cdots, k)$，其中该滞后模型滞后解释变量为

$$\begin{cases} Z_{0t} = X_t + X_{t-1} + X_{t-2} + \cdots + X_{t-i} \\ Z_{1t} = (0 - \bar{q})X_t + (1 - \bar{q})X_{t-1} + (2 - \bar{q})X_{t-2} + \cdots + (i - \bar{q})X_{t-i} \\ Z_{2t} = (0 - \bar{q})^2 X_t + (1 - \bar{q})^2 X_{t-1} + (2 - \bar{q})^2 X_{t-2} + \cdots + (i - \bar{q})^2 X_{t-i} \\ \vdots \qquad\qquad \vdots \qquad\qquad \vdots \qquad\qquad \vdots \\ Z_{kt} = (0 - \bar{q})^k X_t + (1 - \bar{q})^k X_{t-1} + (2 - \bar{q})^k X_{t-2} + \cdots + (i - \bar{q})^k X_{t-i} \end{cases} \tag{6-53}$$

（5）根据滞后被解释变量 Y_t 及新的滞后解释变量 $Z_{ht}(h = 0, 1, \cdots, k)$，确定阿尔蒙分布滞后模型，其中阿尔蒙分布滞后模型为

$$Y_t = \alpha + \alpha_0 Z_{0t} + \alpha_1 Z_{1t} + \alpha_2 Z_{2t} + \cdots + \alpha_k Z_{kt} + \mu_t \tag{6-54}$$

式中：$Z_{ht}(h = 0, 1, \cdots, k)$ 为阿尔蒙模型滞后解释变量。

（6）通过对阿尔蒙模型被解释变量 Y_t 和解释变量 Z_t 两个时间序列取自然对数，确定非线性阿尔蒙分布滞后模型，其中非线性阿尔蒙分布滞后模型为

$$\mathrm{In}Y_t = \alpha + \alpha_0 \ln Z_{0t} + \alpha_1 \ln Z_{1t} + \alpha_2 \ln Z_{2t} + \cdots + \alpha_k \ln Z_{kt} + \mu_t \tag{6-55}$$

式中：$\ln Z_{ht}(h = 0, 1, \cdots, k)$ 为模型解释变量，$\alpha_j(j = 1, 2, \cdots, k)$ 为模型参数。

（7）求解非线性阿尔蒙分布滞后模型参数 $\alpha_j(j = 1, 2, \cdots, k)$，求解方法为：

对于非线性阿尔蒙分布滞后模型，可以用最小二乘进行估计，将估计的参数 $\hat{\alpha}$，$\hat{\alpha}_0$，$\hat{\alpha}_1$，$\hat{\alpha}_2$，$\cdots$，$\hat{\alpha}_k$ 代入非线性阿尔蒙分布滞后模型即可。

6.5.2 实例分析

本节将采用阿尔蒙分布滞后模型来预测考虑地下水水位变化作用的地面沉降量。

分别用 Y_t 和 X_t 两个序列来表示地面沉降量和地下水水位数据。如图 6-9 所示。

首先，对这两个序列分别取对数，因为时间序列取对数后可以减弱异方差性的影响，而且取对数后回归系数变为弹性。如图 6-10 所示。

对取对数后的两个时间序列建立非线性阿尔蒙模型，即

$$\ln Y_t = \alpha + \beta_0 \ln X_t + \beta_1 \mathrm{n} X_{t-1} + \beta_2 \ln X_{t-2} + \beta_3 \ln X_{t-3} + \mu_t \tag{6-56}$$

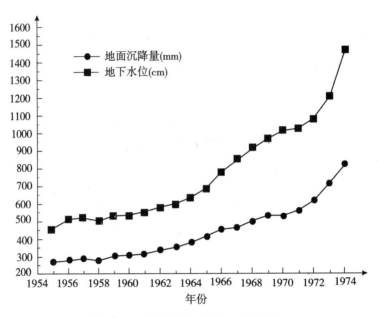

图 6-9   地面沉降量和地下水水位数据

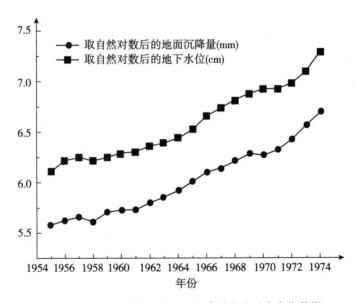

图 6-10   取自然对数后的地面沉降量和地下水水位数据

式中，$\beta_s(s=0，1，2，3)$ 为回归系数，α 为常数项，μ_t 为回归误差项。Y_t 表示第 t 年的地面沉降量，X_t、X_{t-1}、X_{t-2}、X_{t-3} 分别表示当年的地下水水位、去年的地下水水位、前年的地下水水位、大前年的地下水水位。

利用关于 s 有限多项式分解分布滞后模型回归系数 β_s，在实际应用中，阿尔蒙多项式的次数一般取为 2 或 3，此处取为 2，事先给定的常数 $\bar{q}$ 通过计算可知为 $\frac{3}{2}$，则 β_s 为

$$\beta_s = \alpha_0 + \alpha_1\left(s - \frac{3}{2}\right) + \alpha_2\left(s - \frac{3}{2}\right)^2 \tag{6-57}$$

式中，α_0 为常数项，α_1、α_2 为参数。

将阿尔蒙多项式 β_s 代入原模型，通过线性组合模型变量 X_t 得到新的滞后解释变量 $Z_{ht}(h = 0,\ 1,\ 2)$，整理各项，模型变为以下形式

$$\ln Y_t = \alpha + \alpha_0\ln Z_{0t} + \alpha_1\ln Z_{1t} + \alpha_2\ln Z_{2t} + \mu_t \tag{6-58}$$

式中

$$\begin{cases} \ln Z_{0t} = \ln X_t + \ln X_{t-1} + \ln X_{t-2} + \ln X_{t-3} \\ \ln Z_{1t} = -\frac{3}{2}\ln X_t - \frac{1}{2}\ln X_{t-1} + \frac{1}{2}\ln X_{t-2} + \frac{3}{2}\ln X_{t-3} \\ \ln Z_{2t} = \frac{9}{4}\ln X_t + \frac{1}{4}\ln X_{t-1} + \frac{1}{4}\ln X_{t-2} + \frac{9}{4}\ln X_{t-3} \end{cases} \tag{6-59}$$

通过最小二乘法进行估计，可得

$$\alpha_0 = 0.43,\ \alpha_1 = -0.15,\ \alpha_2 = -0.13,\ C = \alpha + \mu_t = 0.026$$

利用 Z 和 X 的关系式可计算得

$$\begin{cases} \beta_0 = \alpha_0 - \frac{3}{2}\alpha_1 + \frac{9}{4}\alpha_2 = 0.37 \\ \beta_1 = \alpha_0 - \frac{1}{2}\alpha_1 + \frac{1}{4}\alpha_2 = 0.48 \\ \beta_2 = \alpha_0 + \frac{1}{2}\alpha_1 + \frac{1}{4}\alpha_2 = 0.33 \\ \beta_3 = \alpha_0 + \frac{3}{2}\alpha_1 + \frac{9}{4}\alpha_2 = -0.07 \end{cases} \tag{6-60}$$

因此，非线性阿尔蒙分布滞后模型最终估计式为

$$\ln Y_t = 0.37\ln X_t + 0.48\ln X_{t-1} + 0.33\ln X_{t-2} - 0.07\ln X_{t-3} + 0.026 \tag{6-61}$$

6.6 本章小结

由于地面沉降的成因机制复杂多变，而且不同地质条件下地面沉降的状况又迥然不同，单一的监控模型不足以对地面沉降的具体情况取得良好的判断，因此本章从最小二乘支持向量机模型、Kriging 插值模型、小波神经网络模型、生命旋回模型、阿尔蒙分布滞后模型分别着手，对地面沉降的监测数据进行预测和分析。本章的主要研究内容如下：

(1)阐述了最小二乘支持向量机的预测原理，采用网格搜索法对参数进行优化选择，并通过最小二乘支持向量机进行预测，结果表明最小二乘支持向量机在地面沉降预测中具有较高的精度和可靠性。同时，由于不断有新的监测数据的积累，可以对其进行滚动预测，具有实时性和较高的精度，为地面沉降监测提供了良好的方法和途径，拥有良好的推

广能力。

（2）阐述了 Kriging 插值模型的原理，并且利用 Kriging 插值模型对沉降区域的监测值进行了预测，在具体算法中通过引入以距离为自变量的变异函数来计算权重，有效地消除了模型误差，取得了较高的精度。

（3）介绍了小波神经网络的结构形式和基本原理，并利用基于遗传算法优化的小波神经网络模型和 BP 小波神经网络模型对沉降数据的拟合精度进行了计算。计算结果表明，前者的拟合效果、训练速度等方面要优于后者。

（4）简要阐述了生命旋回模型的原理，并且结合马尔可夫链建立组合模型。首先采用生命旋回模型求出沉降的趋势项，进一步利用马尔可夫链对残差进行修正，结果表明，两者的结合可以较好地提高预测的精度。

（5）地面沉降相对于地下水水位变化存在滞后性的机理问题目前仍在研究中，但是对于地面沉降的发展具有时效性的认识已达成共识。本章基于对这种滞后作用的考虑，建立了地面沉降的阿尔蒙滞后分布模型。

第7章 地面沉降监控指标研究与控制

7.1 监控指标体系的建立

地面沉降作为一种普遍存在的环境地质灾害，其成因复杂、发展缓慢、难以察觉，因此，必须及时有效地进行监控，避免造成不可挽回的损失。地面沉降监控指标体系是分析沉降原因、描述沉降特征及状态、评价沉降危害性的重要依据。建立系统的地面沉降监控指标体系可以为城市测绘部门的监测和管理工作提供指导依据、为城市防灾减灾部门提供决策依据以及为城市可持续发展提供保障。

7.1.1 指标体系设计原则

漫滩地面沉降的监控目的是多方面的，各政府部门对沉降的监控目标又不尽相同，既要了解沉降过程目标，又要控制沉降发展目标。因此，漫滩地面沉降监控指标体系的建立应该依据不同目标而定，同时还要遵循以下原则，如图7-1所示。

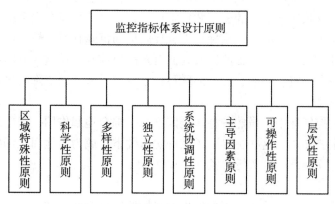

图 7-1 监控指标体系设计原则框图

1. 区域特殊性原则

无论从地面沉降过程还是地面沉降形态特征上看，长江漫滩地面沉降都具有自身的特殊性，因此应结合该地区地面沉降发生的动力条件和人类社会经济易损性进行研究，地面沉降发生的动力条件主要包括水文地质条件（含水层分布、软弱土层厚度与构造）、地形地貌条件（地势高程、地貌类型等）、人为地质动力活动（大规模工程建设、地下水开挖等）。人类社会经济易损性是指沉降受灾区各项经济活动对地质灾害的抵御能力与可恢复能力，主要包括人口密度、居住环境、防灾减灾投入等。

2. 科学性原则

指标的建立要具有一定的理论基础和意义，指标的物理意义必须清晰明确，测定方法必须标准，统计方法必须规范。选择的指标能够反映地面沉降的形成过程、发展状态和危害程度。指标体系既能全面反映城市地面沉降的各个方面，又应注意实用性，这样才能保证监控和评价结果的真实性和客观性。

3. 多样性原则

多样性原则要求在建立监控指标体系过程中：既要有定量指标，又要有定性指标；既有绝对指标，又有相对指标。其中要以定量指标和绝对指标为主，定性指标和相对指标为辅。然而，指标体系影响因素众多，所涉及的范围较广，因此，在设计监控指标时也要适当考虑一些主观性指标，这些指标无法直接定量测评，对于这类指标可以先采取定性方法描述，然后通过评分法将其转变为可用的数值在综合评价中表现出来。

4. 独立性原则

尽管监控指标体系中各系统、各要素之间相互影响、相互联系且相互依赖，但在表征同一问题或问题的同一方面上，同一类别中的各项指标之间应该不存在内容上的交叉和重复，亦即彼此互不相关，相对独立。

5. 系统协调性原则

地面沉降监控指标是用来反映地面沉降的若干系统属性、应当具有代表性、数量性和综合性等特点。地面沉降的形成和发展是一个广泛的、综合的、系统的范畴，涉及地质、生存环境、经济和社会建设以及人们生活的各个方面，这些方面形成协调统一的整体，选取的指标要能综合反映地面沉降的进程和危害情况，指标体系应全面系统地反映地面沉降影响因素，尽量使用处理后的组合指标，综合反映地面沉降状况，较少使用单一指标，使问题更深刻也更具有实际意义。因此，对地面沉降的监控必须从这些方面出发，在选取的指标中，要形成一个有机、协调、综合的联系，全方位反映地面沉降的进程及其危害。

6. 主导因素原则

在地面沉降监控指标中，虽然各种影响因素总是综合地起作用，其中总是由一个或少数几个因子起着主要作用。这些主导因子在一定条件下，成为了地面沉降的发展速度和规模、主导地面沉降发展方向的关键要素。

7. 可操作性原则

在地面沉降监控指标体系中，指标的可操作性原则具有两层意义：一方面所选取的指标数量越多，这样意味着工作量越大，所需人力、物力、财力也就越多，技术难度和要求就越高。可操作性原则要求在保证系统性原则的基础上，尽可能的择取那些具有敏感性、代表性、综合性的指标。另一方面指标体系中的指标内容应当简明明了，容易理解。并考虑数据收集的难易程度，可靠性、成本及是否易于表达，考虑数据统计的实用性和真实性，没有统计数据、难以量化的指标不应入选。要把所有的指标转化为相对于地面沉降的特点及其发展的量化指标，这样就便于相互之间的分析和对比。同时这些数据要求可以辨别和评价地面沉降的特征、沉降过程与总体沉降态势。

8. 层次性原则

地面沉降监控指标体系中应由多个层次的指标层构成，具有鲜明的层次性，上层是下层的目标，下层是上层的发展或反映。

7.1.2 监控指标的拟定

依据上述原则，在现有地面沉降监控理论的基础上，通过总结分析地面沉降的形成原因、发展状态和导致的危害，分别提取沉降成因指标、状态指标和危害指标，在此基础上构建出基于地面沉降"形成原因—发展状态—危害影响"的地面沉降监控指标体系。

1. 成因指标的选择

地面沉降是多种复杂因素共同作用的结果，不同成因引起的地面沉降，其状态和所带来的危害也各不相同，通过对地面沉降成因进行详细分析，择取几种典型地面沉降的形成原因构建监控指标体系的成因指标体系，成因指标体系如表7-1所示。

表 7-1　　　　　　　　　　　成因指标体系

成因指标体系	自然因素	地壳新构造运动	基岩沉降速率
		软弱土层自重压密固结	松散层厚度、含水层厚度、软土层厚度
		地震、火山	震级、烈度
		海平面上升	海平面上升速率
	人为因素	过量开采地下水	年平均地下水位下降速率、地下水开采系数、地下水超采面积、孔隙水压力变化
		开采地下矿产	地下矿产开采量、地下矿产平均采深、地下采矿采空率
		地面荷载	荷载量
		地下工程施工	施工方法、隧道埋深、开挖断面尺寸（直径）

2. 状态指标的选择

地面沉降的发展状态从某种程度上反映了形成原因对地面沉降的影响程度和沉降本身的危害性。与成因指标和危害指标不同，地面沉降状态指标仅针对沉降自身，因此只能在沉降状态范围内选择，用以描述地面沉降的现行状态和沉降趋势，状态指标体系如表7-2所示。

表 7-2　　　　　　　　　　　状态指标体系

状态指标	现行状态指标	累计沉降量、分层沉降量、沉降分布面积和规模
	发展趋势指标	沉降速率

3. 危害指标的选择

地面沉降对人民生命财产以及城市可持续发展的影响是多方面的，其发展缓慢但危害

107

巨大，因此，加强对地面沉降危害性的及时监控无疑具有重要的现实价值和意义，建立危害指标体系就是为了更好地监控和反映地面沉降造成的各种危害。危害指标体系如表 7-3 所示。

表 7-3　危害指标体系

危害指标	对市政的影响	建筑物	建筑物倾斜度、建筑物曲率变形
		地下管线	管线差异沉降量、管线纵向弯曲强度、管线接头转角
	对交通的影响	公路	横坡变化量、纵坡变化量、平整度变化量
		铁路	铁路曲率变形值、铁路 10m 弦量测最大失度、铁路倾斜变形值(沿线路方向)

7.2　地面沉降监控指标分级研究

地面沉降监控指标的分级，顾名思义是按一定的目的和原则对地面沉降监控指标进行定性和定量分级，旨在对地面沉降危害进行及时监控。地面沉降监控指标涉及较多学科，是一项十分复杂的工作，到目前为止，国内外没有统一的标准。

7.2.1　成因指标分级研究

1. 自然因素影响指标

前面已经分析，地壳新构造运动、软弱土层自重压密固结、地震、火山以及海平面上升是引起地面沉降的自然因素，现在对地壳构造运动等指标进行状态分级研究。

(1)地壳新构造运动

地壳新构造运动包括水平运动和垂直运动，其中垂直运动又称为造陆运动，垂直运动常常表现为规模很大的隆起或凹陷，从而造成海陆变迁和地势高低起伏，在地面上形成高原、盆地和平原。在不同的时期及地区，地壳构造活动强度不尽相同。地壳构造运动会引起基岩地层的构造变形，基岩沉降的速率在一定程度上反映了新构造运动中的构造沉降速率。将构造沉降对地面沉降的危害分为 5 个状态等级，如表 7-4 所示。

表 7-4　地壳构造运动指标状态分级

基岩沉降速率/(mm/a)	状 态 级 别
<1	低
1~2	较低
2~3	中等
3~4	较高
>4	高

（2）软土层的自重固结

由软土层厚度对地面沉降的影响分析可知，当土层性质和水位下降值一定时，压缩量与地层中黏土厚度成正比，即黏性土层厚度越大，则压缩总量越大。

根据土力学基本原理，黏土层的最终压缩量由下式可得

$$S = \frac{a_v}{2(1 + e)} \gamma_w \Delta h H \qquad (7-1)$$

式中：S 为黏土层的最终压缩量；a_v 为黏土层的压缩系数；e 为黏土层的孔隙比；γ_w 为水的容重；Δh 为水位降低变化量；H 为黏土层厚度。

综上分析，选取黏土层厚度作为土层压密固结对地面沉降影响的监控指标，计算含水层水位下降 1m 时黏土层的厚度，并按计算值进行分级，如表 7-5 所示。根据研究区土层的性质，计算时取 $a_v = 0.7$，$e = 1.06$，$\gamma_w = 9.8$，$\Delta h = 1$。

表 7-5 　　　　　　　　　　　黏土层厚度指标状态分级

黏土层厚度 H/（m）	状 态 级 别
<25	低
25~70	较低
70~135	中等
135~225	较高
>225	高

2. 人为因素影响指标

引起地面沉降的人为因素主要为：地下水过度开采、大规模的工程建设以及地下工程施工，现对这些指标进行分级状态研究。

（1）开采地下水

地下水主要分为孔隙水、裂隙水和岩溶水，其中孔隙水主要赋存于松散沉积物颗粒构成的孔隙网络中，孔隙水是地下水的主要来源，裂隙水储存于裂隙基岩之中，岩溶水主要存在于岩溶化岩层之中。目前，地下水采区面积、年均地下水水位持续下降速率、地下水超采系数是衡量地下水开采的主要指标。

根据《地下水超采区评价导则》（SL286—2003）中的规定：按超采区面积的大小，地下水超采区可以划分为四级，如表 7-6 所示。

表 7-6 　　　　　　　　　　　地下超采区分级

超采区面积/（km^2）	等 级
>5000	特大型地下水超采区
1000~5000	大型地下水超采区
100~1000	中型地下水超采区
<100	小型地下水超采区

年均地下水水位持续下降速率 v 和地下水超采系数 k 可以分别按式(7-2)和式(7-3)进行计算

$$v = \frac{H_1 - H_2}{T} \qquad (7-2)$$

式中: v 为年均地下水水位持续下降速率; H_1 为评价期之初地下水位; H_2 为评价期之末地下水水位; T 为地下水开发利用年数。

$$k = \frac{Q_{开} - Q_{可开}}{Q_{开}} \qquad (7-3)$$

式中: k 为地下水超采系数; $Q_{开}$ 为地下水开发利用时期内年均地下水开采量; $Q_{可开}$ 为地下水开发利用时期内年均地下水可开采量。

根据年均地下水水位持续下降速率、年均地下水超采系数以及环境地质灾害的程度,又将各级地下水超采区分为一般超采区和严重超采区两种类型。下列情况可以确定为严重超采区:①年均地下水超采系数大于0.3;②孔隙水年均地下水水位持续下降速率大于1m,裂隙水或岩溶水年均地下水水位持续下降速率大于1.5m;③地下水开采导致海水入侵、土地沙化现象。

按照上述标准,根据研究区年均孔隙水位下降速率的不同,将地面沉降危害分为5个等级,如表7-7所示。

表7-7　　　　　　　　　　　　开采地下水指标状态分级

年均孔隙水水位下降速率/(m/a)	状态级别
<0.1	低
0.1~0.3	较低
0.3~0.5	中等
0.5~0.8	较高
>0.8	高

(2)地面荷载

地面荷载的增加会导致地面沉降,由土力学原理,地面荷载附加应力引起的地层变形可以表示为

$$s = \frac{b}{E} \cdot \Delta\sigma \qquad (7-4)$$

式中: s 为沉降量; b 为含水层总厚度; E 为土骨架弹性模量; $\Delta\sigma$ 为地面荷载附加应力。

根据不同荷载情况下地面沉降的计算值,可以将地面荷载引起的地面沉降变形指标进行以下分级,如表7-8所示。取含水层厚度 $b = 30\text{m}$,土骨架弹性模型 $E = 5.56\text{MPa}$。

表 7-8　　　　　　　　　　　　建筑物荷载指标状态分级

建筑荷载/(10^{-3}MPa)	状态级别
<0.926	低
0.926~1.852	较低
1.852~3.704	中等
3.704~5.556	较高
>5.556	高

（3）地下工程建设

随着城市的发展，地铁等地下工程建设日益增多。城市地下工程建设中隧道的开挖对地面沉降具有重要的影响，在工程与水文地质一定的情况下，地面变形程度与隧道开挖方式、隧道埋深等因素密切相关。

随着施工技术的不断进步，地下工程的施工方式也越来越丰富，根据地质和周边环境及机械设备等情况，城市地下工程施工方式一般可以分为三大类，即明挖法、暗挖法和沉管法。根据不同隧道施工方式对地面沉降的影响分为 5 个等级，如表 7-9 所示。

表 7-9　　　　　　　　　　　　隧道施工方式影响程度

指　　标	低	较低	中等	较高	高
隧道施工方式	顶管法	沉管法	明挖法	盾构法	浅埋暗挖

隧道开挖引起的地面沉降机理复杂，根据不同埋深情况计算地面沉降量，将地面沉降危害性分为 5 个等级，如表 7-10 所示。

表 7-10　　　　　　　　　　隧道不同埋深情况下沉降指标分级

隧道埋深/(m)	隧道埋深沉降/(mm)	状 态 级 别
>20	<80	低
15~20	80~110	较低
10~15	110~150	中等
5~10	150~220	较高
<5	>220	高

7.2.2　状态指标分级研究

地面沉降监控状态指标反映了地面沉降灾害目前的发展情况及发展趋势，是表征地面沉降危害性的重要参数。据上述分析可知，地面沉降监控状态指标分为沉降状态指标和发展趋势指标，其中，状态指标用累计沉降量、分层沉降量、沉降分布面积来表征，而发展趋势则可以用地面沉降速率来衡量。本书参考《地质灾害分类分级（试行）》等相关文献，主要选取累计沉降量、分层沉降量和沉降速率三个指标对研究区地面沉降状态进行监控，如表 7-11 所示。

表 7-11　　　　　　　　　　　　　　状态指标分级

累计沉降量/（m）	分层沉降量/（m）	沉降速率/（mm/a）	状态级别
<0.1	<0.1	<10	低
0.1~0.3	0.1~0.3	10~30	较低
0.3~0.6	0.3~0.6	30~50	中等
0.6~1.0	0.6~1.0	50~80	较高
>1.0	>1.0	>80	高

7.2.3　危害指标分级研究

地面沉降监控危害指标包括两个方面：对城市市政的影响指标和对城市交通的影响指标。

1. 对城市市政的影响指标

（1）对城市建筑物的影响指标

地面沉降对建筑物的危害主要表现在差异沉降引发的建筑物倾斜和曲率变形，目前国内外主要采用倾斜变形、曲率变形以及水平变形评定建筑物破坏程度，根据《建筑地基基础设计规范》（GB50007—2002）中对建筑物倾斜变形做了以下规定，如表 7-12 所示。

表 7-12　　　　　　　　　　　建筑物地基变形允许值

建筑物高度/（m）	允许倾斜变形
$H \leqslant 24$	0.004
$24 < H \leqslant 60$	0.003
$60 < H \leqslant 100$	0.0025
$H > 100$	0.002

注：倾斜是指基础倾斜方向两端点的沉降差与其距离的比值。

根据表 7-12 中建筑物允许的倾斜变形值，对于建筑结构为多层住宅楼及高层商业楼，将地面沉降危害分为 5 个等级，如表 7-13 所示。

表 7-13 建筑物倾斜变形指标分级

建筑物倾斜变形	状 态 级 别
<0.5‰	低
0.5‰~1‰	较低
1‰~2‰	中等
2‰~3‰	较高
>3‰	高

地面沉降后，对其影响范围内的建筑物会产生不良的影响，根据著名的 Peck 曲线，距离沉降中心距离为 x 点处的沉降量为

$$S(x) = S_{max} \exp \left[\frac{-x^2}{2i^2} \right] \tag{7-5}$$

式中：$S(x)$ 为距离沉降中心为 x 点处的沉降量；S_{max} 为沉降中心最大沉降量；i 为地面沉降宽度。

以倾斜变形作为衡量建筑物受地面沉降影响的指标，计算不同倾斜变形情况下地面沉降最大量阈值，如表 7-14 所示。其中，取 $i = 24$。

表 7-14 地面沉降对建筑物危害影响分级

地面沉降量/(mm)	状 态 级 别
<20	低
20~40	较低
40~80	中等
80~120	较高
>120	高

（2）对城市地下管线的影响指标

地面沉降对埋地管线的破坏影响不容忽视，应当及时控制。埋地管线在地面沉降的影响下的最大弯曲应力 σ_{max} 可以由下式进行计算

$$\sigma_{max} = \sqrt{2} Y_0 \cdot E \cdot D \cdot \beta^2 \cdot e^{-\frac{\pi}{4}} \tag{7-6}$$

$$\beta^2 = 2 \sqrt{\frac{K_s \cdot b}{E \cdot I}} \tag{7-7}$$

式中：σ_{max} 为最大弯曲应力；Y_0 为土的沉降量；E 为管道的弹性模量；D 为管道外径；β 为管道弹性特征；K_s 为地基基床系数；b 为管道地面的宽度；I 为管道的截面惯性矩。

根据《给水排水工程埋地铸铁管管道结构设计规程》等相关文献，球墨铸铁的弹性模量为 $E = 1.6 \times 10^5 \text{N/mm}^2$，地基基床系数 $K_s = 3 \times 10^3 \text{kN/m}^3$，球墨铸铁管 DN500：管道外径

$D=520$mm，管道内径 $d=500$mm，管道地面的宽度 $b=10$m。按上式计算得到地面沉降对地下管线的影响，可以算得沉降量分级指标，如表 7-15 所示。

表 7-15　　　　　　　　地面沉降对地下管线的危害影响分级

地面沉降量/（mm）	状 态 级 别
<30	低
30~60	较低
60~90	中等
90~120	较高
>120	高

2. 对城市交通的影响指标

（1）对城市公路的影响指标

表征公路路面性能的指标有很多，比如路面平整度、破损状况等，其中路面平整度能够较好地衡量地面差异沉降对公路的影响情况，路面平整度是指路表面纵向的凹凸量的偏差值，该值直接影响车辆的行驶速度、安全性以及公路的使用寿命，根据相关文献，公路的平整度分级如表 7-16 所示。

表 7-16　　　　　　　　　公路路面平整度评价标准

指　标	优	良	中	次	差
平整度 δ /（mm）	<2	2~4	4~7	7~12	>12

如图 7-2 所示，采用 3m 直尺累计值方法计算公路平整度，将坐标原点 O 选择在沉降最大位置，线段 OA 和 AB 模拟 3m 直尺，即 $OA=AB=3$m，对沉降后的路面进行平整度测量，按几何原理可得 $CD=AD$。设沉降断面的抛物线方程为

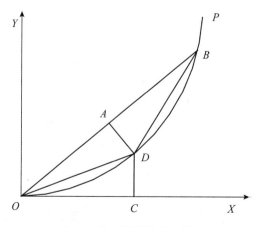

图 7-2　路面沉降槽断面模型

$$y = ax^2 \tag{7-8}$$

式中：y 为曲线上任一点的差异沉降值；x 为路面沉降断面的边缘至抛物线曲线任一点的距离；a 为路面沉降系数。

由图 7-2 可知，在沉降槽反弯点处，y 最大，其计算方法如下

$$y = \frac{\delta}{3^2} \times 24^2 \tag{7-9}$$

式中：δ 为公路路面平整度。

根据表 7-16 中的公路路面平整度评价标准，由式(7-9)计算得到地面沉降对公路平整度的危害影响指标，如表 7-17 所示。

表 7-17　　　　　　　地面沉降对公路平整度危害影响程度分级

地面沉降量/（mm）	状态级别
<128	低
128~256	较低
256~448	中等
448~768	较高
>768	高

（2）对城市铁路的影响指标

根据 Peck 沉降曲线规律，由《铁路线路维修规则》等相关文献表明轨道前后高低不平决定的地面允许沉降 S_{max} 为

$$S_{max} = \frac{2W \cdot \sigma}{L} \tag{7-10}$$

式中：S_{max} 为地面允许沉降量；σ 为铁路轨道允许 10m 弦量测得最大失度值；W 为地表沉降槽宽度，且有 $W = 5i$，i 为地面沉降宽度；L 为量测弦长。

采用 10m 弦量测双轨高低偏差（允许偏差为 4mm）作为表征地面沉降情况下铁路的安全性指标，分级如表 7-18 所示。

表 7-18　　　　　　　铁路 10m 弦量测最大失度指标分级

指　　标	低	较低	中等	较大	高
10m 弦量测最大失度（mm）	<1	1~2	2~3	3~4	4~5

按式(7-10)计算，则对应的地面沉降量分级如表 7-19 所示，取地面沉降宽度 $i = 24$，量测弦长 $L = 10$。

表 7-19　地面沉降对铁路危害的指标分级

地面沉降量/(mm)	状态级别
<24	低
24~48	较低
48~72	中等
72~96	较高
>96	高

7.3　地面沉降系统控制

地面沉降是一种成因复杂且广泛分布的地质灾害，这种地质灾害与城市化的进程以及地区经济发展息息相关，与对地下资源和土地资源的开发利用息息相关。当今社会，可持续发展战略日益深入人心，并逐渐被人们付诸实践，通过理性思维，探寻地面沉降的形成机理与发展规律，客观的认识地面沉降问题，寻求地面沉降的控制对策和措施。地面沉降是一种连续、渐变并且可以控制的地质灾害，应当以科学的理论、系统的方法指导地面沉降控制实践，对于进一步加强地面沉降的控制工作是很有必要的。

7.3.1　地面沉降问题的辩证思维

地面沉降影响因素较多，成因复杂，在防治与治理的过程中，应从地面沉降的形成机理、变化及各方面的相互联系进行剖析，以便从本质上系统地、完整地认识地面沉降，即要用辩证、理性的思维看待地面沉降问题，才能深入了解地面沉降的辩证特性。如图 7-3 所示。

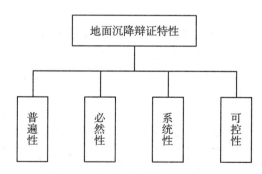

图 7-3　地面沉降的辩证特性框图

1. 地面沉降的普遍性

地面沉降是随着城市经济的发展，对地下资源(地下水、石油、天然气等)、土地资源的开发利用随之产生的，在经济化、城市化的发展过程中表现尤为突出。随着长江漫滩地区经济一体化的逐步形成，各区域经济联系日益紧密，借助自然条件和地理条件的区位优势，城市部落、新兴开发区带等经济区域日渐规模。与此同时，随着经济的发展和科学技术的进步，对土地资源和地下资源开发利用的力度、深度和广度也迅速增强，自然资源消耗及带来的地质环境问题也逐步显现，而且逐渐蔓延连成一个整体，成为区域性的广泛分布的重大问题。

滨海地带、河流三角洲地区、平原地区、内陆构造盆地等因其具有优越的自然地理条件和区位优势，常成为工程建设和经济发展的中心，而其往往具有比较深厚的软弱土层，且赋存有丰富的地下水资源，这样容易在抽吸地下流体或工程建设施工影响下，产生土层固结压缩，从而引起地面沉降。在上述区域工程水文地质条件的背景下，随着城市化的兴起与经济发展的加速，人类工程建设和对地下资源的开发日益频繁，使得内外应力相互结合导致地面沉降，缓慢产生沉降集中地区，并逐渐形成沉降漏斗。由此可见，地面沉降是普遍存在的。

2. 地面沉降的必然性

长江漫滩地面沉降的重要特征是与人类经济活动密切相关的，受到人为因素的影响较明显。产生地面沉降的原因，一方面工业化、城市化作为人类改造自然的手段，使经济产生质的改变，城市化进程的加速，使社会出现深刻变革。规模经济的投入产出法则使人们更善于利用廉价的物资来获取利润，地下水是容易获取且廉价或无偿使用的一种自然资源，由于产出的明显高效与相应诱发灾害的滞后与隐蔽，对其产生的后果，用水企业均不予考虑，相对于产出或投入到其他改水工程，还是"划算"得多。在工业化迅速发展，而地表水改造系统远未满足其要求时，地下水的开采与限制始终是一对矛盾，而且这一矛盾日显突出。

另一方面，城市化地区不仅经济发展迅速，且其所处的地质环境条件也容易产生地面沉降问题，如大多处于平原地区、滨海地带、内陆构造的冲洪积盆地等自然地理较为优越的地区，地下资源较为丰富，软弱土层分布广泛，且往往存在地表水系、水量以及水质难以满足生产与生活所需的问题，因而开发利用地下水资源极为普遍；或因土地资源稀缺，而大规模地兴建密集的高层建筑群和开发利用地下空间，而对土体产生扰动和破坏。

因此，从地面沉降产生的内外因素的对应性和相互耦合关系来看，地面沉降的发生、形成与发展，具有必然性。

3. 地面沉降的系统性

地质环境具有系统性，而地面沉降与地质环境息息相关，受到地质环境的制约，地面沉降区域以及邻近地区处于同一个地质环境系统中，在系统内部它们彼此相互影响、相互关联，而且受到外部经济发展等人为社会环境的影响，这不仅使地面沉降在内部形成机制上具有区域性、系统性的特点，在外部的影响方面也存在系统性。

地面沉降问题的认识必须在更高层次、更深层次上予以把握，传统的简单因果决定论的思维方式已不能适应当代地面沉降的发展，必须代之以系统性的观点，使整体与局部、系统与环境统一联系起来。对地面沉降问题进行系统讨论，明确研究思路，对以后工作将有重要的指导意义和积极的促进作用。地面沉降涉及社会生活、经济的各个方面，地面沉降研究与防治的本身就是一项复杂的系统工程。

4. 地面沉降的可控性

地面沉降是在自然因素和人为因素影响下产生的，分析地面沉降的制约影响因素及其变化特征与规律，对症下药，完全能够有效减缓和控制地面沉降的发展与蔓延。针对特定的自然地理和地质条件，剖析地面沉降形成与发展的内在机理与外部影响条件，归纳总结地面沉降的普遍性规律。用科学思维指导实践，将有效促进研究的深化。注重技术层面与管理决策层面的良性互动，从可持续发展的高度，协调统一自然资源利用与地质生态环境保护，制定并实施切实可行的综合对策措施，将使地面沉降防治取得新的成就。

总之，建立和完善地面沉降监控系统（比如建立地下水水位监测系统），采用现代化和自动化的监测手段，从而及时获得地面沉降的相关资讯，将获取的相关信息进行地面沉降的专题研究和系统分析，从而使认识水平进一步提高，根据研究成果制定和完善并切实落实地面沉降地质灾害防治管理办法或条例等政府法规，这是确保地面沉降防治取得实效的重要制度保证。

因此，无论从地面沉降发生发展的内在机制上，还是防治的现实可能性与技术可行性上，对于地面沉降的控制，人为的主观能动性还是能充分发挥作用的。

7.3.2 地面沉降系统控制基本原则

1. 系统性原则

以科学发展观和可持续发展战略为指导，以系统论的观点和科学的方法，加强地面沉降控制研究与防治的系统化实践，全面、综合和系统体现地面沉降控制。

在区域上：注重近远郊与中心城区的相互影响与制约，注重全球性的变化在本区域的具体反映与表现。在层次上：注重不同深度、不同岩性地层的固有变形特性，以及它们整体表现的综合特征，探讨最具现实性和实际成效的控制对策与技术措施。在影响因素方面：注重地面沉降内外制约影响因素以及它们之间的耦合作用关系，注重地面沉降影响因素在不同时段所起的主要作用和次要作用，特别应关注和重视客观条件变化以后，以及随着时间的延续，地面沉降各种影响因素所发生的改变，注重作用过程的时空变化规律，从而全面、深入地认识地面沉降发展与变化过程。在控制对策方面：既要对症下药，也要关注实际效果及其变化，要体现出综合性和优化调整的灵活性。要注重应急治理与长期控制的有机结合，要积极应对和妥善处理地质环境容量与社会经济发展对资源需求的矛盾和对立统一关系，通过实施方案的规划与优化，协调资源利用与地质灾害防治的相互关系。

2. 动态性原则

动态性原则也是以发展的眼光和视角看待地面沉降问题，通过已经布施的监测网不断地监测，及时发现新问题，寻求新对策和新举措。动态性原则就是以矛盾发展为主线，把握地面沉降问题的普遍性与特殊性以及地面沉降发展过程中主次矛盾的作用及其转化关系，把握量变与质变的对立统一，把握否定之否定的辩证关系，唯其如此，才能争取工作上的主动和未雨绸缪防患于未然的先机。

3. 规范性原则

应依托国务院《地质灾害防治管理条例》等法令法规，以健全完善的管理体制机制，有序、有力、有效地开展和深化地面沉降防治工作。根据相关法令制定和实施地面沉降防治中的长期规划，尤其应将规划切实予以落实。编制出台或修订完善相关的技术标准，使地面沉降防治工作法制化、制度化、规范化。

7.3.3 地面沉降系统控制对策与措施

在总结长江漫滩区域地面沉降的发展过程、存在的问题及发展趋势的基础上，对长江漫滩区域地面沉降控制对策与措施提出初步的设想。

1. 地下水的控制

(1)合理开采地下水资源

开采地下水是影响区域性地面沉降最直接和最持续的因素，因此严格限制地下水的开采，通过建立的地下水开采监控指标控制地下水的开采总量和开采强度，可以有效抑制地面沉降发展。

针对近远郊地区深部含水层地下水开采日趋集中、地下水位持续走低的发展态势，必须更加严格地控制对深部含水层的地下水开采，这是当前应面对和采取果断措施的首要且关键任务。

(2)建立地下水位监测系统

地下水位监测期不少于3个水文年。每周监测1次，若遇到强降雨(第2天测量水位深度)或强干旱，根据具体情况增加观测次数。

对地下水位加强监测，不仅可以及时掌握地面沉降发展态势及可能的变化趋势，也可以了解开采与回灌情况下地下水位的实时变化，从而成为地面沉降控制措施实施效果的重要检验指标。

地下水位监测采用自动化监测技术，对每一含水层实施监控，及时绘制区域地下水位变化曲线，随时掌握地下水位降落漏斗与水位的变动情况，据此了解和预判地面沉降发展动态，并跟踪和评价地下水开采与回灌的作用影响，调整、完善地下水采灌格局。

2. 工程建设的控制

(1)进行地面建筑物荷载变化量调查分析

针对漫滩软土地基地区工程建设地面沉降效应明显的特点，开展系统全面的调查监测与深入的分析研究，结合地面荷载变化调查资料，对地面沉降的发展趋势作出预测，有效指导各项工程建设，降低地面沉降造成的灾害发生，为长江漫滩地区的软土地基处理积累基础数据，也为沿江软土地区的工程建设提供科学的资料，同时，为政府的科学决策提供充分的依据。

(2)工程建设理论结合实践

应结合工程实例，开展工程性地面沉降防治的理论与实践研究，探索和寻求技术可行、效果良好的地面沉降防治对策措施。

在城市土地资源集约化利用的进程中，地下空间的开发利用将日益普遍，规模也将迅速提高。对于深大基坑，在采取降水开挖的同时，可以利用浅部有砂层分布、黏性土中常有薄层粉细砂夹层的特点，尝试在基坑开挖范围以外、基坑围护墙隔水帷幕之外，开展浅部砂层地下水的人工回灌，使基坑降水的环境影响减弱，并缓和地面沉降的发展及对周围环境的可能破坏。

7.4　本　章　小　结

本章对地面沉降控制技术进行了深入的探讨，主要内容及结论如下：

（1）通过总结分析地面沉降的形成原因、发展状态和导致的危害，分别提取了地面沉降成因指标、状态指标和危害指标，在此基础上构建出基于地面沉降"形成原因—发展状态—危害影响"的地面沉降监控指标体系。

（2）对地面沉降监控指标进行定性和定量分级，旨在对地面沉降危害进行及时监控。

（3）总结了地面沉降的辩证思维特性和地面沉降控制的基本原则，重点分析了地下水的控制和工程建设的控制政策与措施。

第8章 地面沉降危害分析与评估

8.1 地面沉降对地下管线的危害

给排水、燃气、通信、输油管道等是城市地下的重要基础设施，这些基础设施遍布整座城市，是保障人民生活和工农业生产不可或缺的基础。近年来随着城市建设的开展，管线破坏的现象时有发生。据相关部门统计，在我国某些城镇中，给排水管道事故发生的频率高达每天一次，是发达国家的两倍以上，而在造成管道故障的原因中，最为常见的是管道地基的差异沉降。

城市地下管线的敷设长度一般为数百米甚至数千米，管道穿越地带的土体性质往往存在一定差异，在上覆荷载等作用下，容易产生差异沉降。埋地管道单元体的受力通常分为径向应力、纵向应力和环向应力，其中，管道地基的差异沉降将使管道产生纵向力学性状变化，当管道的转角或弯矩超过设计极限时，就会发生渗漏或破裂，而漏水又会引起管道地基的破坏，加剧管道的差异沉降。

管道发生差异沉降时，其内部应力将重新分布，并在管道上部形成一个拉应力最大点，管道容易沿着该点发生破坏。常方强等学者采用管线单位长度差异沉降量 Δ_i 来评价差异沉降时管线的安全性能，基本公式可以表示为

$$\Delta_i = \frac{\delta}{l} \tag{8-1}$$

式中：δ 为管线在软硬相接土体上的差异沉降量；l 为产生差异沉降的管线长度。

管线变形除与差异沉降量及沉降范围有关外，还与管线材料、内外径大小、接头类型、管线功能、运营时间等众多因素相关。在相同管材情况下，口径小且管壁薄的管道细长比较大、刚度较小，使得其在不均匀沉降地区破坏率较高。此外不同的管道连接方式在差异沉降作用下管道的应力响应也不尽相同。对于柔性接口管道，其随土体移动时只在管段上产生弯曲而不在接头处产生转角，管段轴向位移很小，可以认为管线移动时不发生轴向应变，另外，柔性接口管道增加了单位管段随地基的均匀沉降量，增强了其抵抗差异沉降的能力。对于刚性接口管道，管线移动所产生的位移全部由接头转角提供，接头不产生抵抗力矩，允许接头自由转动，由于其各处抵抗差异沉降能力不同，使得小管径管道易出现管身环向断裂，大管径则易在承插口处发生爆裂。

8.2　地面沉降对地面建筑的危害

建筑物变形与地面变形密切相关。地面变形通常是指地面的下沉、倾斜、曲率和水平移动变形，不同的变形对建筑物的影响各不相同。

8.2.1　地面下沉对建筑物的影响

大面积缓慢均匀的地面沉降对建筑物的影响较小，一般不会引起建筑物的破坏。因为当地面均匀沉降时，建筑物与地面呈整体下沉状态，建筑物各部位不会产生附加应力，保持了原来的应力平衡。当地面下沉量很大时，可能会带来严重后果，特别是在潜水位很高的情况下，地面下沉使得盆地积水，地基承载力下降，从而导致建筑物失稳。

国内外学者对建筑物沉降与地面下沉之间的关系进行了大量现场观测与理论研究，认为二者存在线性相关性，且建筑物沉降量与地面下沉量近乎相等，其基本关系式为

$$W_{建} = a_1 W_{地} + b_1 \tag{8-2}$$

式中：$W_{建}$、$W_{地}$ 分别为建筑物沉降量和地面下沉量，单位为 mm；a_1 为沉降比例系数，b_1 为沉降常数。a_1、b_1 与建筑物刚度及所处地质环境等众多因素有关。

8.2.2　地面倾斜变形对建筑物的影响

不均匀的地面沉降会产生倾斜变形，也会引起附着建筑物的倾斜。建筑物产生倾斜时，在建筑物的偏心荷载作用下，产生的附加倾覆力矩会在承重结构内部形成附加应力，基底承压力也将重新分布，当建筑物倾斜达到一定程度时，甚至会使建筑物发生倒塌。对于宽高比较大的建筑物和构筑物，如高耸的摩天大楼、烟囱、水塔、高压线铁塔等，地面倾斜对建(构)筑物倾斜的影响尤为严重。

国内学者通过现场实测数据的统计分析得出，建筑物倾斜与地面倾斜也具有线性相关性，其基本关系式为

$$i_{建} = a_2 i_{地} + b_2 \tag{8-3}$$

式中：$i_{建}$、$i_{地}$ 分别为建筑物倾斜和地面倾斜，单位为 mm；a_2 为倾斜比例系数；b_2 为倾斜常数。

8.2.3　地面曲率变形对建筑物的影响

地面曲率变形反映了地面倾斜的变化程度。不均匀的倾斜导致地面曲率变形，从而使地面出现上凸(正曲率)或下凹(负曲率)现象。由于曲率变形的影响，地面由原来的平面变成曲面形状，建筑物与地面的接触方式也发生了变化，打破了建筑物原始的应力平衡，使得建筑物基底反应力重新分布，且在内部产生附加应力。当附加应力值超过建筑物基础强度的极限时，建筑物就会产生裂缝。

建筑物曲率与地面曲率的关系比较复杂，受到建筑物的刚度、土体性质、曲率大小等

多种因素的影响，与地面曲率之间不存在固定的关系。前苏联科学家通过对某矿区开采活动中建筑物曲率与地基曲率的观测，得到以下经验公式

$$f_{建} = f_{地}\left(\frac{a_i L}{H + c_i}\right) + b_i \tag{8-4}$$

式中：$f_{建}$、$f_{地}$ 分别为建筑物与地基基础的曲率；L、H 分别为建筑物的宽度和高度；a_i、b_i、c_i 是与建筑物类型、结构特点及土体性质有关的系数。

8.3 地面沉降对交通设施的危害

公路投入使用后，在行车荷载和自重应力作用下，会发生不同程度的沉降。地基发生大范围均匀沉降时，通常不会对路面构成破坏性影响，但若路面沉降量太大，也会使雨季路基因排水不畅而被水淹，导致土体状态发生变化，使路基强度降低。地基的不均匀沉降，会使路堤产生附加应力，引起路面局部沉降。当不均匀沉降超过限值时，路基和路面就会在交通荷载和自重应力叠加作用下因附加应力太大产生结构性破坏。

路面和路基结构自上而下依次为面层、基层、底基层、垫层和土基。其中，基层主要承受来自面层的车辆荷载，并将其扩散至垫层和土基中。垫层主要是改善土基的温度和湿度，保证上层结构的稳定性，并将基层传递来的荷载分散到土基中。当地基产生不均匀沉降时基层板体与路堤脱空产生板内应力，或使基层随路堤向下发生位移和挠曲，在基层出现拉应力。在凹形沉降断面的路段，面层板中部向下弯曲以适应沉降断面，从而在板中部底板产生附加拉应力。在沉降断面为凸形的路段，面层板在自重作用下，板周边向下弯曲以适应沉降断面，从而在板中部顶板产生附加拉应力。通过调查研究发现，在两种沉降断面方式中，凹形沉降断面对路面破坏更为严重。路基不均匀沉降使道路纵坡、横坡以及平整度发生变化，降低了车辆行驶的舒适度和公路使用等级。

8.4 熵值法及其在地面沉降危害评估中的应用

8.4.1 熵值法

在信息论中，熵是对系统状态不确定程度的一种度量。信息量越大，不确定性就越小，熵也就越小；信息量越小，不确定性越大，熵也越大。根据熵的特性，可以通过计算熵值来确定指标的权重。计算模型如下：

(1)标准化原始评价矩阵。设有 m 个评价指标，选取 n 位评价者，形成原始评价矩阵 $\boldsymbol{U} = (u_{ij})_{m \times n}$，其中 $u_{ij}(i = 1, 2, \cdots, m; j = 1, 2, \cdots, n)$ 为第 j 位评价者对第 i 种指标因素评价的危害等级。原始数据矩阵 $\boldsymbol{U} = (u_{ij})_{m \times n}$ 为

$$U = (u_{ij})_{m \times n} = \begin{pmatrix} u_{11} & u_{12} & \cdots & u_{1n} \\ u_{21} & u_{22} & \cdots & u_{2n} \\ \vdots & \vdots & & \vdots \\ u_{m1} & u_{m2} & \cdots & u_{mn} \end{pmatrix} \qquad (8\text{-}5)$$

对该矩阵进行标准化处理

$$r_{ij} = \frac{u_{ij} - \min\{u_{ij}\}}{\max\{u_{ij}\} - \min\{u_{ij}\}} \qquad (8\text{-}6)$$

得到标准化矩阵

$$R = (r_{ij})_{m \times n} = \begin{pmatrix} r_{11} & r_{12} & \cdots & r_{1n} \\ r_{21} & r_{22} & \cdots & r_{2n} \\ \vdots & \vdots & & \vdots \\ r_{m1} & r_{m2} & \cdots & r_{mn} \end{pmatrix} \qquad (8\text{-}7)$$

根据熵的概念，定义第 i 个评价指标的熵为

$$H_i = -\frac{\sum\limits_{j=1}^{n} p_{ij} \ln p_{ij}}{\ln n} \qquad (8\text{-}8)$$

式中，$p_{ij} = \dfrac{r_{ij}}{\sum\limits_{j=1}^{n} r_{ij}}$，并规定当 $p_{ij} = 0$ 时，有 $p_{ij} \ln p_{ij} = 0$。

则对应的第 i 个指标的熵权定义为

$$\omega_i = \frac{1 - H_i}{m - \sum\limits_{i=1}^{m} H_i} \qquad (8\text{-}9)$$

8.4.2　确定隶属度矩阵

在地面沉降危害性评价中应用模糊数学理论，需要确定隶属函数，并通过隶属度来描述影响因子危害程度的模糊界线。这里采用降半梯形分布法来求隶属度，公式如下：

当危害等级为 1 时，第 i 种因素发生第 1 种等级危害的概率为

$$y_{i1} = \begin{cases} 0, & x_i \geqslant v_{i2} \\ \dfrac{x_i - v_{i2}}{v_{i1} - v_{i2}}, & v_{i1} < x_i < v_{i2} \\ 1, & x_i \leqslant v_{i1} \end{cases} \qquad (8\text{-}10)$$

当危害等级为 j 时，第 i 种因素发生第 j 种等级危害的概率为

$$y_{ij} = \begin{cases} 0, & x_i \leqslant v_{i(j-1)} \text{ 或 } x_i \geqslant v_{i(j+1)} \\[2mm] \dfrac{x_i - v_{i(j-1)}}{v_{ij} - v_{i(j-1)}}, & v_{i(j-1)} < x_i < v_{ij} \\[2mm] \dfrac{x_i - v_{i(j+1)}}{v_{ij} - v_{i(j+1)}}, & v_{ij} \leqslant x_i < v_{i(j+1)} \end{cases} \tag{8-11}$$

当风险等级为 n 时，第 i 种因素发生第 n 种等级风险的概率为

$$y_{in} = \begin{cases} 0, & x_i \leqslant v_{i(n-1)} \\[2mm] \dfrac{x_i - v_{i(n-1)}}{v_{in} - v_{i(n-1)}}, & v_{i(n-1)} < x_i < v_{in} \\[2mm] 1, & x_i \geqslant v_{in} \end{cases} \tag{8-12}$$

式中：x_i 为第 i 种评价指标的实际评价值，本书取 10 位专家评价的平均值，即

$$x_i = \frac{1}{10} \sum_{j=1}^{10} u_{ij}$$

v_{ij} 为第 j 种危害等级在第 i 种评价指标处的初始值。

计算出隶属度后，可以建立危害评价指标与危害评价等级之间的模糊关系隶属度矩阵

$$\boldsymbol{Y} = \begin{bmatrix} y_{11} & y_{12} & \cdots & y_{1n} \\ y_{21} & y_{22} & \cdots & y_{2n} \\ \vdots & \vdots & & \vdots \\ y_{m1} & y_{m2} & \cdots & y_{mn} \end{bmatrix} \tag{8-13}$$

由各个评价指标组成的危害评价指标权重集 $\boldsymbol{W}$ 和隶属度矩阵 $\boldsymbol{Y}$，可以得到综合隶属度 $\boldsymbol{C}$

$$\boldsymbol{C} = \boldsymbol{W} \times \boldsymbol{Y} \tag{8-14}$$

8.4.3 危害因素权重的确定

在建立地面沉降危害的评价模型时，将研究区域沉降监控指标按照其危害性的程度大小分为危害性低、危害性较低、危害性中等、危害性较高和危害性高共 5 个等级，则有 $V = \{ 低 v_1, 较低 v_2, 中等 v_3, 较高 v_4, 高 v_5 \}$，在具体计算过程中，可以用危害值 1 至 5 来定性地表示危害等级大小，即 $v_1 = 1$，$v_2 = 2$，$v_3 = 3$，$v_4 = 4$，$v_5 = 5$。

本研究区域位于长江中下游某市的主城区西南部，其地质条件主要是长江漫滩，该区域内广泛分布有淤泥质土、软土等松软的地层。这一类的地层含水量较大，压缩性比较高，而且地表的承载力比较低，缺少良好的持力层硬土。另外，该地区的地下水埋藏较浅，而且地下水水量丰富，其主要类型为孔隙潜水。

在现有地面沉降监测理论的基础上，同时结合该地区的具体情况，包括相应的监测资料，选择形成原因、孕灾环境、受灾体、灾害损失和防灾减灾作为一级指标，然后根据研究区域的具体情况筛选出 18 个二级指标，如表 8-1 所示。

表 8-1　　　　　　　　　　　城市地面沉降监控指标体系

一级指标	二级指标
形成原因	降水量
	地下水开采量
	孔隙水压力
	建筑物荷载
	地下工程施工
孕灾环境	年沉降速率
	软土自重压密固结
	第四系厚度
受灾体	人口密度
	单位面积耕地
	单位面积 GDP
灾害损失	公路平整度
	管线弯曲强度
	铁路 10m 弦量测最大矢度
	累计沉降量
防灾减灾	防治措施
	控沉管理
	建筑物抗损性

（左侧纵向大标题：地面沉降监控指标体系）

在评价过程中选择对该地区灾害熟稔的专家组成专家组，按照地面沉降危害评价指标体系，采用 5 等级标度法分别对 18 种危害评价指标赋予各自的危害等级，其中 $V = (1, 2, 3, 4, 5)$，$m = 18$，$n = 10$，形成原始数据矩阵 $U = (u_{ij})_{m \times n}$。

对原始数据矩阵进行标准化处理，计算得到评价指标的熵值及熵权如表 8-2 所示。

表 8-2　　　　　　　　地面沉降危害性评价指标及对应的熵值和熵权

一级指标	二级指标	熵 值	熵 权
U1 致灾因子	C11 降水量	0.5362	0.0834
	C12 地下水开采量	0.7899	0.0378
	C13 孔隙水压力	0.7300	0.0486
	C14 建筑物荷载	0.7698	0.0414
	C15 地下工程施工	0.6536	0.0623

一级指标	二级指标	熵　值	熵　权
U2 孕灾环境	C21 年沉降速率	0.7696	0.0415
	C22 软土自重压密固结	0.6988	0.0542
	C23 第四系厚度	0.6382	0.0651
U3 承灾体属性	C31 人口密度	0.7631	0.0426
	C32 单位面积耕地	0.6387	0.0650
	C33 单位面积 GDP	0.7692	0.0415
U4 灾害损失	C41 公路平整度	0.5362	0.0834
	C42 管线弯曲强度	0.5995	0.0721
	C43 铁路 10m 弦量测最大矢度	0.6528	0.0625
	C44 建筑物密度	0.6387	0.0650
U5 防灾减灾	C51 防治措施	0.7613	0.0429
	C52 控沉管理	0.7696	0.0415
	C53 建筑物抗损性	0.7268	0.0492

8.4.4 危害评价因素隶属度矩阵

根据各评价指标的实际值以及对应的隶属度公式计算隶属度，计算结果如表 8-3 所示。

表 8-3　　各危害因素对应的 5 种危害等级的隶属度

评价指标	实际值	危害等级				
	x_i	y_{i1}	y_{i2}	y_{i3}	y_{i4}	y_{i5}
C11 降水量	1.700	0.300	0.700	0.0	0.0	0.0
C12 地下水开采量	4.300	0.0	0.0	0.0	0.700	0.300
C13 孔隙水压力	2.800	0.0	0.200	0.800	0.0	0.0
C14 建筑物荷载	3.600	0.0	0.0	0.400	0.600	0.0
C15 地下工程施工	1.900	0.100	0.900	0.0	0.0	0.0
C21 年沉降速率	3.200	0.0	0.0	0.800	0.200	0.0
C22 软土自重压密固结	2.100	0.0	0.900	0.100	0.0	0.0
C23 第四系厚度	2.300	0.0	0.700	0.300	0.0	0.0
C31 人口密度	3.800	0.0	0.0	0.200	0.800	0.0

评价指标	实际值	危害等级				
	x_i	y_{i1}	y_{i2}	y_{i3}	y_{i4}	y_{i5}
C32 单位面积耕地	2.100	0.0	0.900	0.100	0.0	0.0
C33 单位面积 GDP	3.300	0.0	0.0	0.700	0.300	0.0
C41 公路平整度	1.700	0.300	0.700	0.0	0.0	0.0
C42 管线弯曲强度	1.800	0.200	0.800	0.0	0.0	0.0
C43 铁路 10m 弦量测最大矢度	2.000	0.0	1.0	0.0	0.0	0.0
C44 建筑物密度	2.100	0.0	0.900	0.100	0.0	0.0
C51 防治措施	3.200	0.0	0.0	0.800	0.200	0.0
C52 控沉管理	3.200	0.0	0.0	0.800	0.200	0.0
C53 建筑物抗损性	2.600	0.0	0.400	0.600	0.0	0.0

8.4.5　模糊综合评价

计算综合隶属度，将评价指标的权重集与其隶属度矩阵相乘，结果如表 8-4 所示。

表 8-4　　　　　　　　　5 种危害等级可能发生的概率值及结果

危 害 等 级					所属级别
最低	较低	中等	较高	最高	
0.0707	0.5337	0.2642	0.1230	0.0113	较低

根据最大隶属度原则可知，发生较低危害的概率最大，亦即该地区地面沉降危害处于较低等级。

8.5　基于 GIS 的地面沉降综合分析与评估

8.5.1　GIS 在地面沉降危害评价中的应用

在进行地面沉降危害评价的过程中，由于各种影响因素的不确定性，以及各因素之间的相关性和城市环境相关数据的海量性，因此，需要将具有强大数据库管理技术、空间分析和图形显示等功能的 GIS 技术引入进来。

GIS 在地面沉降危害性评价中的应用，就是要充分利用其强大的空间叠加分析功能，将每一个指标因子用一张专题地图来表示。基于栅格的空间分析中，每个图层相对应的栅格之间进行一定的函数运算，得到一张新的栅格专题图，也就是各个指标进行运算之后的结果。

本章采用克里金插值模型作为指标运算的函数。克里金插值模型，又被称为空间局部插值算法，以变异函数理论和结构分析为基础，研究和分析具有随机性、结构性、空间相关性的时空监测数据，并对这些数据进行无偏最优估计。

8.5.2 基于 GIS 的评价成果可视化

地面沉降监测的评价成果指标反映了地面沉降灾害目前的发展情况和未来的发展趋势，是表征地面沉降危害性的重要参量。地面沉降的评价指标涉及多个学科的各个方面，其分级是一项非常复杂的工作。由于每个城市和地区的经济发展不同，地面沉降所造成的危害也各不相同。

以长江中下游某地区为例，以野外实际调查的资料为依据，在参考国内外相关地面沉降监控评价指标所用的分级标准的基础之上，利用 ArcGIS 软件，结合克里金模型，综合评定指标危害性，并且将研究区域地面沉降监控指标按照其危害性的程度分为 5 个等级，分别是低、较低、中等、较高和高。

1. 建筑物荷载

根据地面荷载对土层的作用方式的不同，地面荷载可以分为：直接荷载和间接荷载。其中，直接荷载主要有建筑物荷载、地面运输荷载等；而间接荷载主要有地下水开采、地下工程开挖形成的等效荷载等。考虑到研究区域的实际情况，这里仅研究建筑物荷载引起的地面沉降。根据第 7 章中的内容，可以对建筑物荷载引起的地面沉降指标进行以下分级，如表 8-5 所示。

表 8-5 建筑物荷载引起的地面沉降指标分级

指 标	低	较低	中等	较高	高
建筑物荷载引起的地面沉降/(mm)	<5	5~10	10~20	20~30	>30

按照表 8-5 中建筑物荷载引起的地面沉降指标分级标准，利用克里金插值模型，结合 ArcGIS 软件，综合评定地面沉降监测建筑物荷载评价指标，结果如图 8-1 所示。

图 8-1 为地面沉降监测建筑物荷载评价指标图，其中图 8-1(a)、(b)、(c)和(d)分别为 2008 年 12 月、2009 年 8 月、2010 年 11 月和 2011 年 11 月的建筑物荷载评价指标图。从图中可以看出，该区域大部分地区建筑物荷载引起的沉降在 5~10mm，危害等级处于较低的水平，而区域的南部中心处建筑物引起的地面沉降比较明显，已超过 30mm，危害等级较高。

2. 年沉降速率

年沉降速率是地面沉降监控和评价中常用的指标，在一定程度上反映了本地区总体的地面沉降速率。在《地质灾害分类分级(试行)》中，这里将年地面沉降速率对地面沉降的危害性分为 5 个等级，如表 8-6 所示。

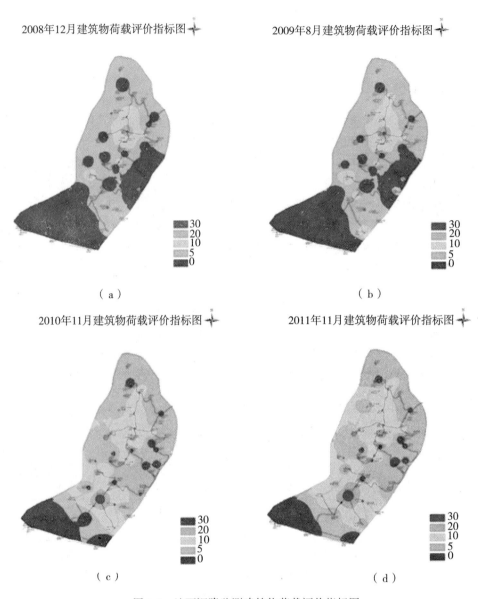

图 8-1　地面沉降监测建筑物荷载评价指标图

表 8-6　　　　　　　　　　　　年地面沉降速率的指标分级

指　　　标	低	较低	中等	较高	高
年地面沉降速率/（mm/a）	<1	1~2	2~3	3~4	>4

　　按照表 8-6 年地面沉降速率的指标分级标准，利用克里金插值模型，结合 ArcGIS 软件，综合评定地面沉降监测年地面沉降速率评价指标，结果如图 8-2 所示。

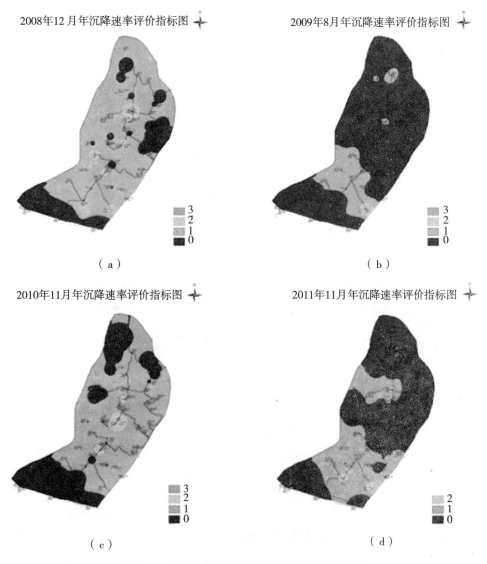

图 8-2 地面沉降监测基岩沉降速率评价指标图

图 8-2 为地面沉降监测基岩沉降速率评价指标图，其中图 8-2(a)、(b)、(c) 和 (d) 分别为 2008 年 12 月、2009 年 8 月、2010 年 11 月和 2011 年 11 月的年地面沉降速率评价指标图。从图中可以看出，年地面沉降速率变化相对温和。其中，研究区域的绝大部分地方速率在 0~1mm/a，危险等级低。

3. 地面累计沉降量

地面累计沉降量一直是广泛运用于监测和评价地面沉降的重要指标。根据第 7 章中的内容可知，对累计沉降量的指标进行分级，结果如表 8-7 所示。

表 8-7　　　　　　　　　　　　　地面累计沉降量的指标分级

指　　标	低	较低	中等	较高	高
地面累计沉降量/(mm)	<50	50~100	100~200	200~300	>300

按照表 8-7 中的地面累计沉降量的指标分级标准，利用克里金插值模型，结合 ArcGIS 软件，综合评定地面沉降监测累计沉降量评价指标，结果如图 8-3 所示。

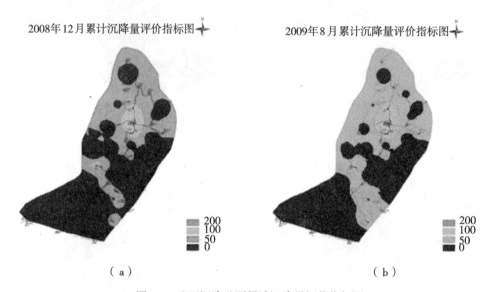

图 8-3　地面沉降监测累计沉降量评价指标图

图 8-3 为地面沉降监测累计沉降量评价指标图，其中图 8-3(a)、(b) 分别为 2008 年 12 月、2009 年 8 月的地面累计沉降量评价指标图。从图中可以看出，随着地区经济的发展和城市的建设，研究区域形成了两个地面沉降中心，地面沉降面积在不断扩大，而且有相互连接的趋势。其中，研究区域的南部地面沉降中心发展迅速，中心地面累计沉降量已超过 300mm，危害等级高。

4. 公路平整度

衡量公路路面性能的指标有很多，比如承载力、平整度以及路面破损状况等，其中，路面平整度能够较好地反映地面不均匀沉降对公路的影响情况。根据第 7 章中的内容可知，对公路平整度危害影响的指标进行分级，结果如表 8-8 所示。

表 8-8　　　　　　　　　地面沉降对公路平整度危害影响的指标分级

指　　标	低	较低	中等	较高	高
地面沉降量/(mm)	<128	128~256	256~448	448~768	>768

按照表 8-8 中的地面沉降对公路平整度危害影响的指标分级标准，利用克里金插值模型，结合 ArcGIS 软件，综合评定地面沉降监测公路平整度评价指标，结果如图 8-4 所示。

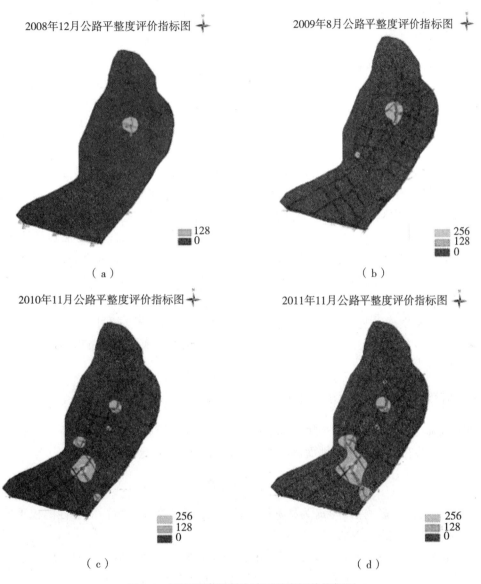

图 8-4　地面沉降监测公路平整度评价指标图

图 8-4 为地面沉降监测公路平整度评价指标图，其中图 8-4(a)、(b)、(c) 和(d)分别为 2008 年 12 月、2009 年 8 月、2010 年 11 月和 2011 年 11 月的公路平整度评价指标图，并且在图中叠加了研究区域的道路网。从图中可以看出，公路平整度指标均保持在良好的状态，北部地区公路平整度指标变化范围先扩大后稍微减小，并保持稳定，而南部地区公路平整度指标变化范围呈现出扩大的趋势。就研究区域的总体情况而言，危害等级低。

5. 管线弯曲强度

地面沉降对城市地下管线的破坏影响不容忽视，应当及时发现，及时控制。但是，目前我国同样还没有完善统一的地面沉降条件下管线危害性的评价和控制标准。对于施工引起的管线变形，也只是根据施工环境制定相应的沉降容许值来作为施工管理的标准。根据第 7 章中的内容可知，对地下管线危害影响进行分级，结果如表 8-9 所示。

表 8-9　　　　　　　　　　　　　地面沉降对于地下管线危害影响分级

指　　标	低	较低	中等	较高	高
地面沉降量/(mm)	<30	30~60	60~90	90~120	>120

按照表 8-9 中的地面沉降对于地下管线危害影响分级标准，利用克里金插值模型，结合 ArcGIS 软件，综合评定地面沉降监测地下管线弯曲强度评价指标，结果如图 8-5 所示。

图 8-5 为地面沉降监测管线弯曲强度评价指标图，其中图 8-5(a)、(b)、(c)和(d)分别为 2008 年 12 月、2009 年 8 月、2010 年 11 月和 2011 年 11 月的管线弯曲强度评价指标图。从图中可以看出，管线弯曲强度指标形成了两个中心区域。北部中心地区在 2009 年发展成峰值，管线可能受到的弯曲强度大于 600MPa，危害等级高。但是，在 2010 年和 2011 年该地区采取了治理措施，降低了管线受到进一步破坏的可能性；南部中心区域管线弯曲强度指标发展迅速，且范围呈现出扩大的趋势，最大值已超过 600MPa，危害等级高。这两个地区的发展变化表明良好的政策导向，可以有效地控制城市地面沉降，保障地区持久稳定的发展。

8.5.3　地面沉降监测成果综合评价指数计算

地面沉降危害性综合评价采用沉降危害指数来表示。沉降危害指数越高，表示地面沉降带来的危害发生概率越大。地面沉降影响指数的数学计算模型如下

$$F = \sum_{i=1}^{m} \theta_i \cdot Q_i \tag{8-15}$$

式中：F 为地面沉降影响指数；m 为指标的总数；θ_i 为第 i 个评价指标危害性的权重值；Q_i 为第 i 个评价指标的危害性评价等级的赋值。

将表 8-2 中的权重值代入计算，可以得到研究区域的地面沉降危害性综合评价指数，其值域在 1~5 之间。结合研究区域的实际情况，同时参考国内外相关的地面沉降危害性综合评判标准，将综合评价指数按由小到大分为 5 个等级，如表 8-10 所示。

表 8-10　　　　　　　　　　　　　地面沉降危害性等级划分

沉降危害指数	低	较低	中等	较高	高
F	<1.0	1.0~1.5	1.5~2.5	2.5~3.0	>3.0

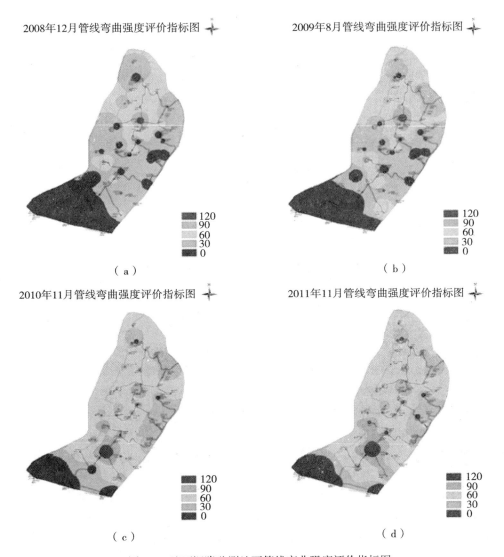

图 8-5　地面沉降监测地下管线弯曲强度评价指标图

　　根据地面沉降综合评价指数计算公式以及等级划分标准，在 ArcMap 平台的支持下，对数据进行叠加分析，得到研究区域地面沉降危害性综合评价图，如图 8-6 所示。

　　根据图 8-6，在 ArcGIS 软件平台下分析统计得到不同危害等级区域的面积及其比重，如表 8-11 所示。

表 8-11　　　　　　　　　　研究区域地面沉降危害性分区统计

等级	低	较低	中等	较高	高
面积/（km²）	11	26	13	4	2
比重	19.64%	46.43%	23.21%	7.15%	3.57%

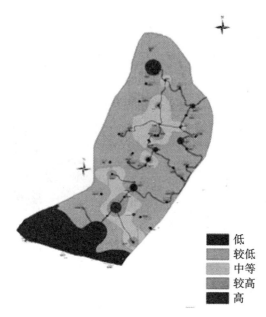

图 8-6　地面沉降危害性评价图

从图 8-6 和表 8-11 中可以看出，地面沉降低危害区面积为 $11km^2$，占全区总面积的 19.64%，主要分布在研究区域的南部；地面沉降较低危害区主要分布在研究区域的东部，总面积为 $26km^2$，占全区面积的 46.43%，由于这一带地质环境相对较好，地面沉降量比较小，因此总体的危害性相对较低；地面沉降中等危害区面积为 $13km^2$，占全区面积的 23.21%，主要分布在研究区域的西北部，区内地质环境相对较差，且存在地铁施工，加上人口居住密度比较大和地面荷载强度比较高，使得其沉降的危害性逐步提高；地面沉降中等危害性区域中心为沉降较高以及沉降高危害区域，其面积分别为 $4km^2$ 和 $2km^2$，分别占全区面积的 7.15% 和 3.57%。

评价结果显示该地区的地面沉降危害处于较低等级，这与该地区实际情况相吻合。

8.6　本 章 小 结

本章主要对地面沉降危害性评价方法进行研究，构建了城市地面沉降的监测指标体系，并利用熵值法及其评价模型对研究区域的地面沉降危害性程度进行了评价分析。其主要内容如下：

（1）阐述了城市地面沉降监测成果可视化研究的必要性及意义，分析了 GIS 技术用于地面沉降监测综合评价的可能性及其优势。

（2）阐述了建立地面沉降危害性评价指标体系的意义，根据指标设计原则，在现有地面沉降监控理论的基础上，选取形成原因、孕灾环境、受灾体、灾害损失、防灾减灾措施五个方面进行分析，根据研究区域的具体情况，提出二级指标，形成完整的评价指标体系。

(3) 从研究区域的实际情况出发，根据土力学原理，确定各个指标的分级阈值。基于地面沉降监测指标的分级标准，利用克里金插值模型，结合 ArcGIS 软件，综合评定地面沉降的状态及危害性，提取了该地区地面沉降监测各指标的专题评价图。

(4) 阐述了熵值法的基本原理，并利用熵权法确定指标的权重，结合隶属度函数最终确定评价区域的危害风险等级。利用 ArcGIS 软件，得到该地区的沉降危害性评价图，评价结果与实际相吻合，说明该方法具有良好的实际应用效果。

第9章 漫滩沉降监测与评判辅助决策系统

9.1 概　　述

9.1.1 系统开发意义

漫滩地区地层软弱，工程地质复杂，在长期荷载的作用下，地面沉降持续发生，而地面沉降严重影响着漫滩地区建筑物、公路、城市地铁、地下管线等公共基础设施的安全运营，成为制约城市可持续发展的重要因素。传统的漫滩地面沉降监测成果大多以图纸、报表等形式展示，内容单调，可视化程度低，同时，地面沉降影响因素众多，数据的分析处理复杂，因此，建立一套可视化的分析管理系统，对方便监测资料的管理和分析应用具有重要意义。

针对传统漫滩地面沉降监测成果管理的缺点，应用基于 ArcGIS 软件的三维分析和可视化技术，以及基于百度地图 JavaScript API 构建的功能丰富、交互性强的地图应用，灵活展示监测成果，分析地面沉降对基础设施的影响，建立一个漫滩地面沉降监控与评判的辅助决策平台，为管理部门的建设规划、灾害防治等提供技术支持。

9.1.2 系统开发目标设计原则

1. 系统开发目标

充分利用现代计算机技术、GIS 技术、数据库技术、计算机制图、百度地图 JavaScript API 等技术，对长江漫滩地区的地面沉降监测数据实现集成化的数据管理、智能化的分析处理、可视化的成果展示，建立地面沉降地区的三维可视化模型，实时展示地面沉降监测、分析成果。系统在设计时遵循以下原则：实用性、可靠性、开放性、可扩充性、界面友好与便于操作。

2. 设计原则

(1)实用性原则

1)用户界面简洁、操作简单

系统界面是连接用户与系统的接口，界面设计应符合用户的业务习惯、心理特点。良好的界面应做到形象直观、粗细结合、操作方便、风格统一。界面本身以图标按钮、菜单驱动两种方式相结合；同时提供帮助文档和状态提示信息，以便用户学习和掌握系统的操作。

138

2）系统的灵活性

在软件设计上考虑业务人员、数据的可能变化、系统能灵活地进行调整以适应这些变化。

（2）集成化原则

将图形和文本数据操作及操作集成封装，使项目数据的图文互访成为可能，实现图文一体化操作。

（3）标准化原则

1）行业标准

在系统设计过程中应保证数据流程、操作程序、处理方法、成果精度、名词术语符合规范行业标准。

2）数据标准

数据库设计时设计的方法、命名规则要一致，这样才能使系统维护方便，同时提高系统的稳定性。

（4）安全性原则

考虑软件运行时的数据安全性和保密性，因此在软件设计上要实行访问权限和操作级别管理，实行口令保密等方法，确保系统安全正常的运行。

（5）可持续发展原则

1）适应软件、网络发展趋势

系统开发在操作系统、软件平台、网络配置等方面的选择应符合软件和计算机网络技术的发展趋势，提高系统的开放性和易扩展性，确保系统的实用性。

2）数据的可扩充性

考虑漫滩地面沉降监测数据种类繁多，需随时补充更新，在设计系统时，充分考虑可扩充性，预留数据输入和输出接口，以方便进行数据库逐步补充和更新。

9.1.3　系统运行环境

1. 操作系统

本系统的开发和运行均在 Microsoft Windows 7 以上操作系统的计算机上进行。

2. 平台运行软件

（1）文本数据库管理软件：采用 Microsoft Access 2010；

（2）图形数据平台软件：采用 ArcGIS Engine；

（3）可视化操作：采用百度 JavaScrip API。

3. 开发软件

本系统开发工具选用由微软公司推出的开发环境 Visual Studio 2010 中的 C#. NET 进行程序设计。C#. NET 是一种功能强大的可视化软件开发环境，具有强大的数据库访问功能，是目前用于数据库开发的首选语言之一。所以 C#. NET 适合本系统的开发。图形和三维的可视化操作采用 ArcEngine 组件和 JavaScript API 开发。

ArcGIS Engine（AE）是一个创建定制的 GIS 桌面应用程序的开发产品，包括构建

ArcGIS 产品 ArcView、ArcEditor、ArcInfo 和 ArcGIS Server 的所有核心组件。使用 ArcGIS Engine 可以创建独立界面版本的应用程序,也可以对现有的应用程序进行扩展,为 GIS 和非 GIS 用户提供专门的空间解决方案。另外,AE 可以在没有安装任何 ArcGIS 桌面软件的环境下提供所有 GIS 功能,是一组设定良好的跨平台、跨语言部件。AE 可以运行在 Windows、UNIX 和 Linux 桌面上并支持 C++、VB、.NET、Java 等一系列应用软件开发环境。此外,利用 AE 开发者能将 ArcGIS 功能集成到一些应用软件,如 Microsoft Word 和 Excel 中,还可以为用户提供针对 GIS 解决方案的定制应用。

系统地图交互应用界面的实现基于百度地图 API 实现,百度地图 API 是为开发者免费提供的一套基于百度地图服务的应用接口,包括 JavaScript API、Web 服务 API、Android SDK、iOS SDK、定位 SDK、车联网 API、LBS 云等多种开发工具与服务,提供基本地图展现、搜索、定位、逆/地理编码、路线规划、LBS 云存储与检索等功能,适用于 PC 端、移动端、服务器等多种设备,多种操作系统下的地图应用开发。其中,JavaScript API 是一套由 JavaScript 语言编写的应用程序接口,可基于其构建功能丰富、交互性强的地图应用,支持 PC 端和移动端基于浏览器的地图应用开发,且支持 HTML5 特性的地图开发。

9.1.4 总体结构

"长江漫滩地面沉降监测与评判辅助决策系统"是借助于 Visual Studio 2010、.Net Framework 4、百度地图 JavaScript API 和 Microsoft Access 2010 数据库技术,基于 ArcGIS Engine 二次开发建立的。系统主要由两大数据库和三大功能模块组成,系统的整体结构如图 9-1 所示。系统的总体菜单如表 9-1 所示。

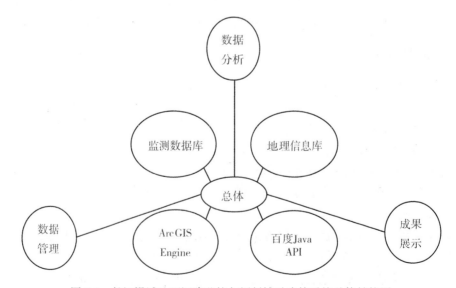

图 9-1 长江漫滩地面沉降监控与评判辅助决策系统总体结构图

表 9-1			系统总体菜单		
1. 工程	2. 数据管理	3. 数据分析	4. 成果显示	5. 系统维护	6. 帮助
1.1 打开工程 1.2 创建工程 1.3 退出	2.1 数据添加 2.2 数据查询 2.3 数据修改	3.1 可靠性分析 3.2 统计分析 3.3 模型分析 3.4 沉降预警	4.1 报表生成 4.2 图形生成	5.1 一般用户管理 5.2 管理员维护	6.1 使用帮助 6.2 版权所有

9.1.5　功能概要

系统结构设计包括三个方面的内容：

(1)用户端功能设计包括系统初始化，数据库维护，数据查询、分析，图形编辑、显示，查询和编辑成果的保存、输出、打印等。

(2)组件集成设计，研究在 C#开发环境下实现 AE 控件的集成，主要包括各个功能模块程序语言的编写及调试 GIS 功能部分通过加载 AE 控件来实现，其他功能利用 VS 的通用组件完成。

(3)数据库设计内容有：如何实现数据库管理接口和管理对象，如何通过对系统数据库连接和空间数据引擎实现系统表格的创建、记录、编辑操作。各模块功能如下。

1. 监测数据库

监测数据库是整个系统运转的基础，准确高效地及时收集和处理大量复杂的观测数据资料是系统设计开发的重点，根据监测数据的特点进行设计，采用 Microsoft Access 2010 小型关系数据库进行开发。

为方便用户进行历史观测数据的查询，本系统的监测数据库中存储了监测系统的基本信息，分为沉降测点数据、沉降监测数据和数据分析资料三块。沉降测点数据有：沉降监测点高程数据、分层沉降孔口高程、分层沉降监测点高程数据、地下水位监测点高程数据、孔隙水压力监测点高程数据；沉降监测数据有：地面沉降监测数据、分层沉降监测数据、地下水位监测数据、孔隙水压力监测数据、基岩变形监测数据、地面荷载监测数据；数据分析资料有：周期沉降量数据、累计沉降量数据、周期沉降速率数据、年沉降数据、测值过程线图、累计沉降量分布图、分层沉降量图、相关分析图、本周期沉降量图、沉降速率分布图、建模所得模型参数数据以及模型预报数据等。主要数据表格的结构设计如表 9-2~表 9-11 所示。

表 9-2			沉降监测测点考证表			
点号	点名	类型	X92	Y92	埋设日期	属性
PNO	PNAME	MV	X92	Y92	DT	STATE
CH(6)	CH(20)	CH(10)	F(10.3)	F(10.3)	DATE	CH(10)

表 9-3 地面沉降监测成果

点号	高程	观测日期	属性
PNO	HCJ	DT	STATE
CH(6)	F(8.4)	DATE	CH(10)

表 9-4 分层沉降孔口高程

点号	高程	观测日期	属性
PNO	HKK	DT	STATE
CH(6)	F(8.4)	DATE	CH(10)

表 9-5 分层沉降监测成果

磁环编号	磁环高程	观测日期	属性
RNO	HR	DT	STATE
CH(6)	F(8.4)	DATE	CH(10)

表 9-6 地下水位监测成果

点号	高程	观测日期	属性
WNO	HSW	DT	STATE
CH(6)	F(8.4)	DATE	CH(10)

表 9-7 孔隙水压力监测成果

点号	水压力/kPa	观测日期	属性
YNO	PRESSURE	DT	STATE
CH(6)	F(8.1)	DATE	CH(10)

表 9-8 地面荷载调查结果

X 坐标	Y 坐标	累计荷载	桩基类型	观测日期	属性
X	Y	W	TP	DT	STATE
F(10.3)	F(10.3)	F(8.1)	CH(1)	DATE	CH(10)

表 9-9　　　　　　　　　　　　　　　　　　单测点统计模型储存表

测点编号	常数 A0	系数 A1	…	系数 AN	复相关系数 R	回归中误差 S	检验参数 F	建模日期
PN	A0	A1	…	AN	R	S	F	JMRQ
CH(6)	F(10.2)	F(12.7)	…	F(12.7)	F(12.7)	F(12.7)	F(12.7)	DATE

表 9-10　　　　　　　　　　　　　　　　　　多测点统计模型储存表

结果名称	回归结果	建模日期
JGMC	HGJG	JMRQ
CH(10)	F(12.7)	DATE
常数 A0	F(12.7)	DATE
系数 A1	F(12.7)	DATE
…		
系数 AN	F(12.7)	DATE
复相关系数 R	F(12.7)	DATE
回归中误差 S	F(12.7)	DATE
检验参数 F	F(12.7)	DATE

表 9-11　　　　　　　　　　　　　　　　　　时间序列模型统计表

点名	参数 A0	参数 A1	模型阶数	建模日期
PNAME	A0	A1	PJ	JMRQ
CH(6)	F(12.7)	F(12.7)	F(12.7)	DATE

2. 地理信息库

地理信息库实现对三维空间数据的有序组织，按数据专题内容可以分为：DEM 数据、DOM 数据、交通设施数据、建筑设施数据(包括地上和地下建筑设施)、管线设施数据、地质体数据等。

3. 监测数据管理模块

监测数据管理模块实现对漫滩地面沉降监测信息的数据库管理。主要功能包括地面沉降监测信息的储存、输入、输出、文本查询等。其主要内容包括地面沉降监测数据、分层沉降监测数据、地下水位监测数据、孔隙水压力监测数据、基岩变形监测数据、累计沉降量监测数据、地面荷载监测数据。另外，对监测系统的重要档案资料也可以进行保存。

4. 监测数据分析模块

监测数据分析模块包括对监测数据序列进行各种分析，并借助各类图形直观地展现给用户。该模块包括可靠性分析、统计分析、建模分析、预警分析。

5. 成果显示模块

成果显示模块将监测信息和分析成果以文本、图形和三维可视化的形式进行描述和表示，包括文本输出、图形输出两种形式。

6. 联机帮助

为方便用户使用和操作，系统提供联机帮助手册，用户根据手册提供的帮助内容（context）、索引（index）、搜索（search）等主题，可以进行本系统的信息和操作查询。

9.2　系统主要功能模块设计与开发

漫滩地面沉降监测与评判辅助决策系统的主要功能有收集、整理、储存并及时提供系统运行的各种数据；对沉降监测数据进行建模、分析和预警；以便携的交互地图界面，通过一维过程线图、二维平面图、三维可视化的方式将监测数据更加真实和生动地展示给用户。另外，用户可以以单对象操作和多对象操作两种操作方式运行系统。系统主窗口如图9-2所示。

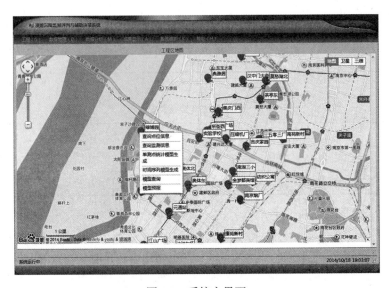

图 9-2　系统主界面

9.2.1　单对象操作

由于实际工程的地域变换频繁，需实时绘制工程地图，工作量大，成本高。本系统工程创建模块基于百度地图 JavaScript API，只需读取工程项目监测点的坐标数据，可实时创建实际工程的地图交互界面，将监测点定位到工程地图上，供用户进行操作。用户可以打开工程数据库文件读取监测点坐标直接展现工程地图，也可以导入工程数据创建实际工程区域地图供系统调用。

工程创建模块主要有打开工程、创建工程选项。

1. 打开工程

打开工程时选择好存放工程数据的数据表后，展开对应的工程区域地图，其效果如图9-3所示。

图9-3 打开工程界面图

对于单对象操作方式，在打开工程项目区域图后，工程的监测点会定位到地图上，如图9-3所示。在点标记上右击，弹出操作菜单栏，如图9-4所示。

图9-4 单对象操作右键菜单栏

右键弹出菜单栏后，用户可以查询该点的点位信息和监测信息，也可以选择模型进行建模，以及模型查询和预报。

地面沉降监测测点点位信息窗口中列出监测点的信息数据，如点号、点名、类型、坐标及埋设日期等。用户也可以对其进行修改。该窗口如图9-5所示。

图 9-5　沉降监测测点信息窗口

地面沉降监测测点监测信息窗口如图 9-6 所示，用户可以对监测信息表中的数据进行修改和删除，生成报表。也可以将反映地面沉降监测点时间段内测值变化的过程线图保存到指定文件中。

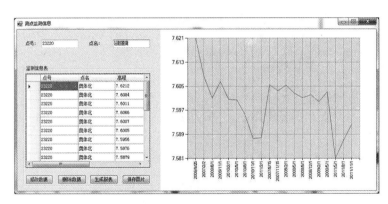

图 9-6　沉降监测测点监测信息窗口

其他如单测点的统计模型生成、时间序列模型生成、模型查询和模型预报功能模块与多对象操作中对应模块相同，在多对象操作中做详细说明，此处不再赘述。

2. 创建工程

创建工程时输入工程名称，导入有记录工程数据的 txt 文件，即创建好对应的工程项目数据库文件。创建工程界面如图 9-7 所示。

9.2.2　多对象操作

1. 监测数据管理模块设计

数据管理模块是对地面沉降监测各类监测数据进行整理和储存的功能模块。其主要内容包括地面沉降监测数据、基岩变形监测数据、分层沉降监测数据、地下水位监测数据、

图 9-7 创建工程界面

孔隙水压力监测数据。主要功能包括沉降监测信息的输入、存储、输出、查询等。

数据管理模块主要分为数据添加、数据查询、数据修改三项。

(1)数据添加。

添加数据时根据需要向对应数据表格中追加数据记录。有手工输入和文件输入两种添加方式。数据网格根据该选择框的选项显示对应的表格数据。在数据输入时应进行详细核对、检查,保证数据的正确可靠,数据文件中数据存放顺序应与相应数据表中的字段对应,否则将发生错误。数据添加窗体如图 9-8 所示。

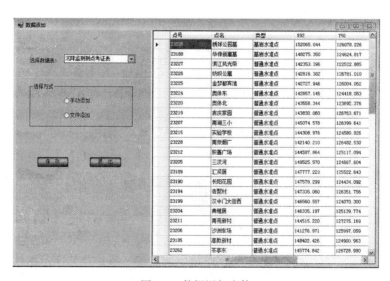

图 9-8 数据添加窗体

(2)数据查询。

查询数据时,根据用户提出的查询条件进行,查询条件可以是测点号、观测日期,用户可以根据某一条件或组合条件实行精确查询,也可以根据模糊条件实行模糊查询,查询结果用数据网格显示。数据查询方式包括手动查询和可视化查询两种数据查询。可视化查询操作时,在右侧工程项目地图上点击监测点标注进行查询。窗口如图 9-9 所示。

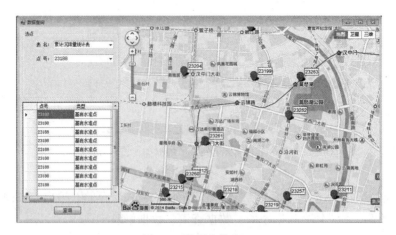

图 9-9　数据查询窗口

（3）数据修改。

当地面沉降监测的信息需要变更时，由被授权人员进行权限内的系统数据库信息修改工作，信息修改包括信息的删除和修改。对于需要删除的数据，可以直接在数据网格中选中删除。

用户在对数据修改时，首先查询出需要修改的记录，可以在数据网格中直接对该记录进行修改，系统把修改后的信息存放到缓存中，等待用户确认后才提交到数据库。数据修改窗口如图 9-10 所示。

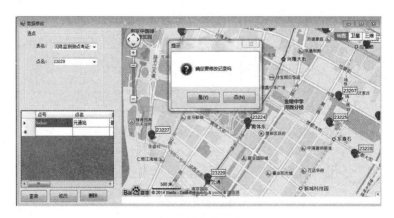

图 9-10　数据修改窗口

2. 数据分析模块设计

数据分析模块主要对监测数据序列进行各种分析，并借助各类图形直观地展现给用户。该模块包括可靠性分析、统计分析、建模分析、预警分析。可靠性分析菜单包含异常值检验和系统误差检验两项，找出观测系列中的异常值，采用 U 检验法进行系统误差的检验。统计分析是对观测量历年的最大值、最小值、变幅、周期等特征值进行分析，验证各类检测量在数量变化方面的一致性。建模分析功能是建立地面沉降监控模型，包括单测点统计模型、多测点统计模型以及时间序列模型，实现对于地面沉降的预报，找出沉降的时空分布情况及其变化规律。实现模型生成、查询以及预报三个基本功能。沉降预警是以地面沉降速率和累计沉降量作为预警的指标，根据指标划分不同等级的区域，以蓝、黄、红三种不同深浅的颜色显示基于 GIS 地面沉降危害评价原理作出预警。

数据分析模块主要涉及可靠性分析、统计分析、模型分析和预警分析四项功能。

(1)可靠性分析。

监测数据的可靠性分析主要包括监测数据异常值的检验和监测数据的系统误差分析。

1)异常测值检查。

异常测值检查的基本任务是发现观测系列中的异常值。测值异常是利用评判准则对实测值进行检查，识别测值是正常还是异常，并将检查结果显示在检验窗口中，检验结果同时可以保存在数据文件中。

异常值检验时直接利用数学模型的预报值进行，即根据用户提供的预报值数据文件，读取各测点的预报值及置信区间，并在监测数据库读取需要检验的检测值，通过比较得到检测值的性态特征。异常值检验窗口如图 9-11 所示。

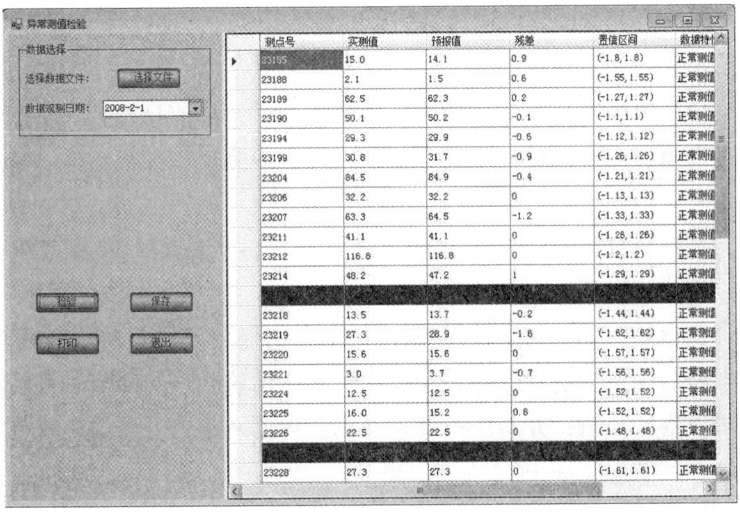

图 9-11　异常值检验窗口

2)系统误差检验。

地面沉降监测数据中，除了存在偶然误差和粗差外，还有可能存在系统误差。特定情况下，观测值误差中的系统误差会占有相当大的比例，若不对其进行恰当地处理，会对监测成果的质量产生影响，不利于数据分析。

系统误差检验窗口中，采用 U 检验法进行系统误差的检验。用户选择好需要检验的

数据表、点号、起始时间、分段点时间、终止时间和显著水平后，进行检验，得到样本 1
和样本 2 的样本数、样本方差以及统计量，并将这些参数保存到相关文件中。系统检验窗
口如图 9-12 所示。

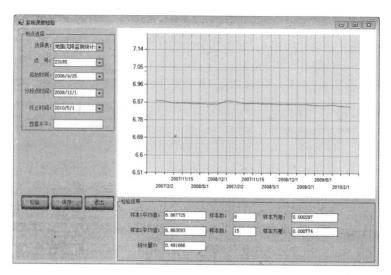

图 9-12　系统误差检验窗口

（2）统计分析。

统计分析的主要工作是分析计算监测量的特征值。特征值是对某一个测点或观测项目
的观测值的特征向量，主要是针对描述该测值特征的观测值，如最大值、最小值、某时间
段的平均值等。

本系统的特征值统计以年为单位，即统计各测点每年的最大值及日期、最小值及日
期、年平均值、变化速率等。

特征值统计窗口如图 9-13 所示。在该窗口中，选择需要进行统计分析的监测项目和
监测项目的测点号后，点击统计命令按钮，图形框显示该测点的测值过程线，统计该测点
的最大值、平均值等特征值，并将统计结果显示在数据网格中。测值的统计结果可以通过
保存命令按钮保存到数据文件中。

（3）模型分析。

1）模型生成。

在系统菜单栏中选择数学模型的类型，进入各类型数学模型生成的窗口。本系统可选
模型有改进的时间序列模型、基于多元线性回归原理的统计模型和卡尔曼滤波模型三种。
在建模窗口中选择测点、建模数据的时间段，利用模型生成的计算模块求出其模型的表达
式，并将相关的模型参数存入到相应的模型库数据表中。

①单测点统计模型生成窗口。单测点统计模型采用地下水位因子和地面荷载因子分开
建模，用户建模前需选择建模因子。列表框用来显示监测点的点号，两个日期控件分别用

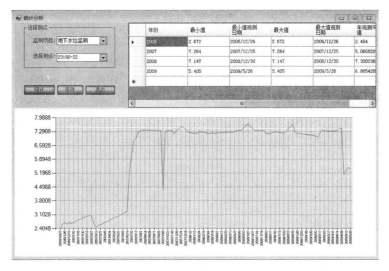

图 9-13 统计分析窗口

来选择建模数据的起始日期和终止日期，建模日期默认为系统日期。三个命令按钮分别表示建模、保存和退出，保存按键直接将计算结果存入对应模型数据库中，两个图形控件分别显示测值过程线与拟合曲线、残差曲线。图 9-14 为单测点统计模型生成窗口。

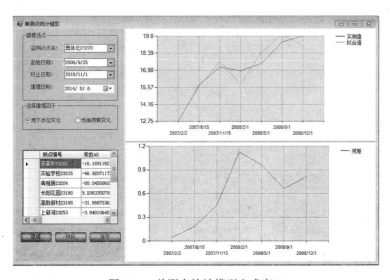

图 9-14 单测点统计模型生成窗口

②多测点统计模型生成窗口。多测点统计模型生成窗口与单测点类似，其主要差别是将测点单选框改为复选框，另外增加可视化选点的功能，可视化选点与复选框选点联动。多测点统计模型生成窗口如图 9-15 所示。在图 9-15 中，左边列表框中显示所有可建模的测点，鼠标单击该测点可以将其添加到右边的列表框中。窗口右边的图形控件显示地面沉

降点平面位置图，用户也可以在图上直接进行可视化选点。本系统建立的多测点统计模型包括二次函数模型和三次函数模型，在建模之前必须选择模型函数的次数。数据网格用来显示建模结果，保存按钮将计算结果保存到对应模型库数据表中。

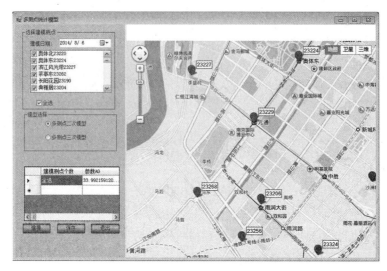

图 9-15　多测点统计模型生成窗口

2）模型查询。

根据选择的模型类别，从模型库中调出相应的模型参数，并在数据网格中显示，查询结果可以直接打印。对于不合理的模型，用户可以根据实际情况将模型从模型库中删除，以便重建该测点的模型。模型生成窗口如图 9-16 所示。

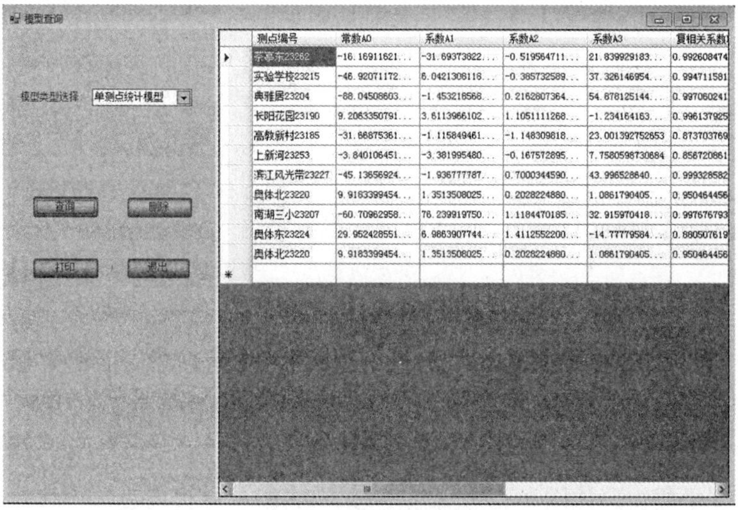

图 9-16　模型查询窗口

3）模型预报。

对已经建模的监测点，从模型库中提取其相应的模型参数，对其在未来某个时间或某种环境状态下的监测值进行预测，并将预测值存入到相应的数据文件中。在窗口的下拉列表框中可以选择模型类别，对于单测点模型需要选择建模因子及测点，若没有需要建模的测点，用户必须先建立相应测点的模型才能对其预测，预测日期默认为系统日期。保存和打印按键可以将相关变量及预报值存入指定的数据文件并打印输出。模型预报窗口如图 9-17 所示。

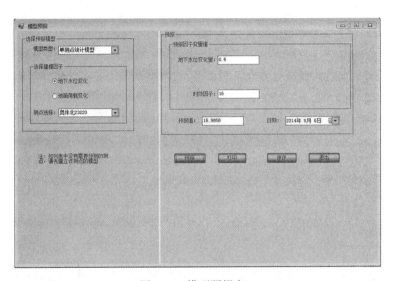

图 9-17 模型预报窗口

（4）沉降预警分析。

目前，地面沉降的危害性分级标准尚不统一，主要采用的标准有沉降速率、累计沉降量，其他标准及方法正在不断地研究和发展中。根据以上情况，本系统采用年沉降速率和累计沉降量作为预警的控制指标。详细指标如表 9-12 所示。

表 9-12　　　　　　　　　　　　　　　地面沉降预警指标

沉降速率/(mm/a)	累计沉降量/(mm)	危害级别	显示颜色
0 ~ 30	0 ~ 300	小	蓝
30 ~50	300~ 800	中	黄
>50	>800	大	红

预警分析窗口如图 9-18 所示。用户进行预警分析时，首先选择预警的方法（年地面沉降速率或累计沉降量），为消除个别特殊测点的影响，用于分析的测点可以由用户自由选取，选点方法可以是文件选点，也可以采用在地图上手动选点。

预警分析主要是根据地面沉降速率或累计沉降量划分不同等级的区域，本系统约定三

153

个沉降危害等级分别用蓝、黄、红三种不同颜色表示。其具体指标由用户自己决定。

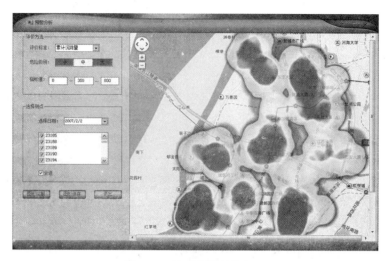

图 9-18　地面沉降预警窗口

3. 成果显示模块设计

成果显示模块涉及报表生成、图形生成两项功能。

(1)报表生成。

成果显示模块的主要功能是在查询基础上将符合要求的数据存入指定的数据文件中。对于各种报表，输出的信息应包括表格和图形等形式。用户在查询数据记录后，可以将查询结果以报表形式打印输出。报表生成窗口如图 9-19 所示，下拉式数据表选择框中预置了数据库中的表名，数据网格根据该选择框的选项显示对应的电子表格，用户在查询数据

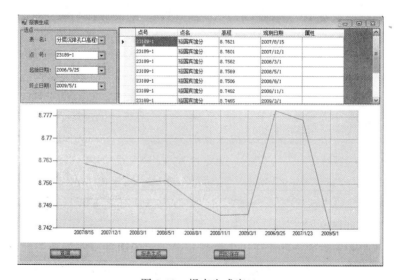

图 9-19　报表生成窗口

记录后，单击"数据保存"命令，将查询结果以报表形式打印输出，报表形式如图 9-20 所示。

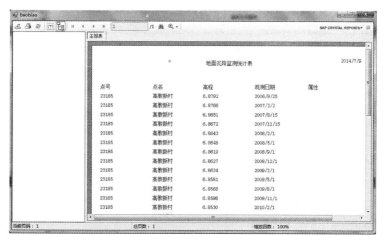

图 9-20　报表

（2）图形生成。

图形生成包括一维过程线图、二维等值线图。

1）一维过程线图显示。

测值过程线图是一种单值走势曲线，反映的是测值随时间的变化情况，特别适用于对测值序列的初步分析。对单个测点的测值过程线进行分析，可以快捷地了解测值的变化过程以及变化规律。主要包括地面沉降监测点测值过程线图、地面沉降点各期沉降速率过程线图、地下水位监测测值过程线图、孔隙水压力测值过程线图、分层沉降量监测测值过程线图。

在该窗口中，用户选择数据表、测点及数据日期（包括起始日期和终止日期）后，可以在图形框中生成该测点的测值过程线图，并将其保存成 bmp 格式的图形文件。一维过程线图窗口如图 9-21 所示。

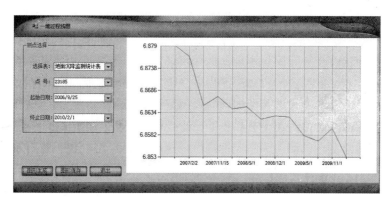

图 9-21　一维过程线图窗口

2）二维叠加显示。

与遥感影像叠加结合显示，直观的显示出研究区域地面沉降点的位置及周边可能影响到的建筑物等。另外，客户还可以根据需要对沉降信息进行分析显示，主要有累计沉降量分布图、本周期沉降量分布图和沉降速率分布图。

①累计沉降量分布图。为了分析整个测区地面累计沉降量的分布情况，需要绘制整个测区的地面沉降量分布等值线图。等值线图的绘制根据测点的分布以及各测点的地面沉降量进行。

日期选择完后，进入累计地面沉降量等值线绘图过程，生成的图形显示在图形控件中，用户可以点击"图形保存"按键将图形保存成 dxf、jpg 和 bmp 格式的图形文件。地面累计沉降量分布图如图 9-22 所示。

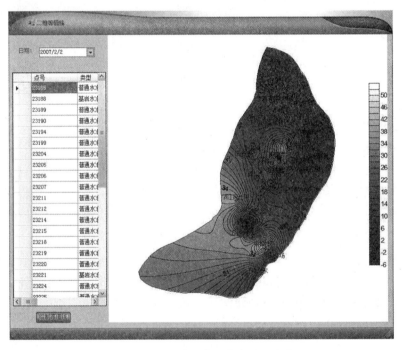

图 9-22　地面累计沉降量分布图生成窗口

②本周期地面沉降量分布图。本周期地面沉降量分布图的图形绘制功能原理和形式同地面累计沉降量分布图，不同的仅是绘制用的测值为本周期的地面沉降量，因此，本窗口内容将不再赘述，有关内容可以参阅地面累计沉降量分布图的介绍。

③沉降速率分布图。沉降速率分布图的图形绘制功能原理和形式同地面累计沉降量分布图，不同的仅是绘制用的测值为本周期的沉降速率，因此，本窗口内容将不再赘述，有关内容可以参阅地面累计沉降量分布图的介绍。

9.3 本章小结

本章重点对漫滩地面沉降监测与评判辅助决策系统的总体结构和主要功能作了全面的设计和开发，并对设计开发中涉及的关键技术进行了研究和探讨。主要内容如下：

（1）研究设计了漫滩地面沉降监测与评判辅助决策系统及其整体结构，划分了系统中的主要功能模块，对各模块的主要功能及其要求进行了设计。

（2）本系统是借助于 Visual Studio 2010、. Net Framework 4、百度地图 JavaScript API 和 Microsoft Access 2010 数据库技术，基于 ArcGIS Engine 二次开发建立的。充分利用现代计算机技术、GIS 技术、数据库技术、计算机制图等技术，对长江漫滩地区地面沉降监测数据实现集成化的数据管理、智能化的分析处理、可视化的成果展示，建立地面沉降地区的三维可视化模型，实时将地面沉降监测、分析成果展示给用户。系统在设计时遵循实用性、可靠性、开放性、可扩充性、界面友好与便于操作等原则。

（3）研究总结了系统开发中的主要理论及关键技术，主要包括可视化技术的应用研究和预警机制的研究与建立。

第10章　总结与展望

10.1　总　　结

城市地面沉降是随着我国经济建设的不断发展而逐渐呈现的地质现象，这一现象主要由大规模的城市建设和地下资源的开采所引发，已经成为一种涉及面广、危害严重的地质灾害，对城市的可持续发展有着严重的影响。因此，本课题的研究对于保障城市基础设施的安全，以及城市可持续发展具有重要的现实意义。本书的主要研究成果如下：

(1)介绍了城市地面沉降监测的目的和意义，阐述了地面沉降监测技术的研究进展，分析了目前常用的监测技术和数据处理理论，根据长江漫滩的地理特点，提出了本课题研究的主要内容及技术路线。

(2)介绍了研究区域(南京市河西地区)在东吴、六朝、南唐、明朝、清末、民国和中华人民共和国成立后几个重要时期的城市化进展，分析比较了其各阶段的文化发展与城市变化。阐述了南京市河西地区漫滩的形成过程，以及河西新城崛起的原因与具体建设过程，分析了河西新城城市化进展对于河西漫滩的影响。监测数据的分析结果表明，城市的扩展，建筑与基础设施的建设，对地下水系统及地面沉降产生了不可忽视的影响。

(3)介绍了长江漫滩软土成因、地层构造特征、水文地质条件以及漫滩软土工程特性。分析了长江漫滩地面沉降过程及其特征，分析结果表明，长江漫滩地面沉降经历了四个不同的阶段，从沉降初期到后来的沉降发展期逐渐发展为加速期到现今的减弱期。南京河西地区的地面沉降中心从早期的集庆门西到现在的向兴路西，向兴路西和滨江风光带无论是规模还是地面沉降量都有明显变化，并且具有进一步扩大的趋势。

(4)针对长江漫滩典型地质条件，通过模型试验和有限元计算方法，探讨了地面荷载对漫滩土层变形的影响规律，分析了集中荷载和分布荷载对漫滩地面沉降的影响，该成果对城市建设规划具有一定参考价值。

(5)介绍了合成孔径雷达技术的监测原理，相较于传统的监测技术，SAR 监测方法具有全天时、全天候，并且覆盖范围大，空间分辨率高等优势，但 SAR 技术易受大气扰动、轨道精度等的影响，监测精度受到限制。介绍了融合 GPS/InSAR 技术进行形变监测的新方法，阐述了该技术进行监测的技术流程。针对星载 SAR 影像获取周期长、微观监测精度低等缺点，探讨了最近发展起来的地基合成孔径雷达干涉(GBSAR)技术，分析了该技术进行地表形变监测的方法和精度。

(6)阐述了最小二乘支持向量机、Kriging 插值、小波神经网络、生命旋回、阿尔蒙五种不同的沉降预测模型的基本原理，并针对不同模型的特点，研究其参数优化的方法，结果表明，参数优化后的模型可以有效地提高预测精度，并有良好的推广应用价值。

（7）通过总结分析地面沉降的形成原因、发展状态和导致的危害，分别提取了沉降成因指标、状态指标和危害指标，在此基础上构建出基于地面沉降"形成原因—发展状态—危害影响"的地面沉降监控指标体系。并对地面沉降监控指标进行定性和定量分级，旨在对地面沉降危害进行及时监控。最后总结了地面沉降的辩证思维特性和地面沉降控制的基本原则，重点分析了地下水的控制和工程建设的控制政策与措施。

（8）从研究区域的实际情况出发，根据土力学原理和公式计算，在参考相关文献和国家标准的同时，确定各个指标的分级阈值。并且基于地面沉降监测指标的分级标准，利用克里金插值模型，结合 ArcGIS，综合评定地面沉降的状态及危害性，提取了该地区地面沉降监测各指标的专题评价图。

（9）介绍了熵值法的基本原理，并利用熵权法确定指标的权重，结合隶属度函数最终确定评价区域的危害风险等级。利用 ArcGIS 软件，得到该地区地面沉降危害性评价图，评价结果与实际相吻合，说明该方法具有良好的实际应用效果。

（10）利用 Visual Studio2010、.Net Framework 4 和 Microsoft Access 2010 数据库技术，基于 ArcGIS Engine 二次开发建立了漫滩地面沉降监测与评判辅助决策系统。该系统充分利用现代计算机技术、GIS 技术、数据库技术、计算机制图等技术，对长江漫滩地区的地面沉降监测数据实现集成化的数据管理、智能化的分析处理、可视化的成果展示，有效地提高了地面沉降监测数据管理和分析的效率。

10.2 展　望

地面沉降问题涉及的范围较广，需要多学科的专业知识，随着研究工作的进一步深入，下列问题需要进一步的研究和探讨：

（1）长江漫滩地质构造和岩土特性复杂，且城市建设等对土体的扰动作用众多，影响显著，传统的单因素影响下的土力学理论，难以准确模拟和解释多因素作用下地面沉降的机理和特性。随着土力学等相关理论的不断发展和完善，必将带动地面沉降机理研究的深入和完善。

（2）InSAR 与 GPS 融合技术是提高地面沉降监测精度的有效途径，这在理论上已得到较好的论证，但该技术还需要大量的实例数据验证，由于时间和经费等原因，这项工作需要在以后的研究中进一步加强。同时，由于长江漫滩自身的特点和监测区域相对较小等原因，已有的数据融合理论的适用性也需要进一步验证和完善。

（3）基于单因素和多因素影响的地面沉降监测数学模型研究已有较多的成果，但这些模型普遍没有考虑到地面沉降的延迟特性，本书根据土体沉降延迟特性，研究了阿尔蒙延迟模型，取得了良好的效果。因此，进一步深入研究土体的沉降延迟特性，并采用合适的数学模型模拟该过程，是今后重要的研究内容。

（4）地面沉降的危害性分析是地方政府和管理部门最为关心的问题之一，基于地面累计沉降量的评判方法由于考虑因素单一，无法综合评判地面沉降对基础设施的影响，各种基础设施对地面沉降的敏感性也有明显的差异，因此，基于地面累计沉降量、沉降速率和相对沉降量等多影响因素的评判方法，以及这些评判方法对不同类型基础设施的评判准则等的研究是今后重要的研究内容。GIS 具有强大的空间分析能力，基于基础地理信息数据库、地质构造数据库和地面沉降监测成果数据库的综合分析评判理论方法的研究，是今后重要的发展方向。

（5）由于地面沉降监测数据量大，类型较多，分析处理复杂，因此，研制符合实际工作需要，数据管理方便，分析能力强，适应性好，可视化程度高的信息管理系统是地面沉降监测的基础性工作，这项工作可以有效地提高实际工作效能。

参 考 文 献

[1]BERNARD INI G, RICC I P, COPPI F. A Ground Based Microwave Interferometer with Imaging Capabilities for Remote Measurements of Displacements [C] M GALAHAD workshop within the 7th Geomatic Week and the "3rd International Geotelematics Fair (GlobalGeo)". Barcelona, Spain: [s. n.], 2007, 20-23.

[2]陈奇, 樊运晓. 城市地质灾害危险性评价浅析[J]. 中国地质灾害与防治学报, 2004 (S1): 111-115.

[3]Chang L, Chu H, Hsiao C. Optimal planning of a dynamic pump-treat-inject groundwater remediation system[J]. Journal of Hydrology, 2007, 342(3): 295-304.

[4]谌华, 甘卫军. 利用 GPS 与 InSAR 融合提高形变监测精度方法研究[J]. 大地测量与地球动力学, 2010(03): 59-62.

[5]陈国兴, 杨伟林. 南京河西地区软土场地的震动参数研究[J]. 南京工业大学学报(自然科学版), 2002, 24(1): 35-40.

[6]陈辉. 超高层建筑桩基础承载性能的试验研究与模拟分析[D]. 中国地质科学院, 2009.

[7]陈继光. 基于支持向量机模型的建筑物沉降预测[J]. 数学的实践与认识, 2013(12): 137-140.

[8]陈铁冰. 基于最小二乘支持向量机的公路软基沉降预测[J]. 交通科技, 2009(01): 47-49.

[9]崔智全, 付旭云, 钟诗胜等. 小波网络平均影响值的航空发动机自变量筛选[J]. 计算机集成制造系统, 2013(12): 3062-3067.

[10]曹红林, 王靖涛. 用小波神经网络预测深基坑周围地表的沉降量[J]. 土工基础, 2003(04): 58-60.

[11]陈新宇, 卢新中, 王琛. 昆明市地质灾害易损性模糊综合评价[J]. 安全与环境工程, 2012(02): 54-57.

[12]陈华友. 熵值法及其在确定组合预测权系数中的应用[J]. 安徽大学学报(自然科学版), 2003(04): 1-6.

[13]崔新华, 许志荣. 河南省主要城市地下水超采区评价[J]. 水资源保护, 2008(06): 17-22+27.

[14]刘杜娟, 叶银灿. 长江三角洲地区的相对海平面上升与地面沉降[J]. 地质灾害与环境保护, 2005(04): 400-404.

[15]杜海燕，吴吉贤．基于遗传算法改进的 BP 神经网络模型在 GPS 高程拟合中的应用研究[J]．工程勘察，2014(03)：73-78.

[16]戴阿福．长江漫滩软土岩土工程勘察与评价[J]．江苏建筑，2013(02)：80-81.

[17]丁万太，杨敏，赵锡宏．上海地区高层建筑物桩基础的沉降分析[J]．上海地质，1989，10(3)：31-42.

[18]邓芳岩．新城建设的引导策略——南京河西新城发展实例分析[J]．现代城市研究，2009(12)：81-85.

[19]丁鸽，花向红，田茂等．改进的小波神经网络在沉降预测中的应用[J]．测绘地理信息，2013(06)：27-29.

[20]冯禹，孙宏，侯杰．全新三角高程测量方法在风力发电基础沉降观测中的应用[J]．电力勘测设计，2011(04)：18-20.

[21]福喜，怡群等．人工智能原理[M]．武汉：武汉大学出版社，2002.

[22]FERRETTI A, CLAUDIO P, ROCCA A. Permanent scatters in SAR interferometry [J]. IEEE Transactions on Geoscience and Remote sensing, 2001, 39(01)：8-20.

[23]冯羽，马凤山，魏爱华等．考虑滞后作用的地面沉降阿尔蒙分布预测模型[J]．中国地质灾害与防治学报，2011(04)：117-121.

[24]Guo Z, Zheng J. A Study of Formula Error on EDM Trigonometric Leveling [J]. Bulletin of Surveying and Mapping. 2004(7)：4.

[25]Ge L, Rizos C, Han S, et al. Mining subsidence monitoring using the combined InSAR and GPS approach[C]. 2001.

[26]Ge L, Cheng E, Li X, et al. Quantitative subsidence monitoring：The integrated InSAR, GPS and GIS approach[C]. 2003.

[27]Geddes J, Freemantle N, Harrison P, et al. Atypical antipsychotics in the treatment of schizophrenia：systematic overview and meta-regression analysis [J]. Bmj. 2000, 321(7273)：1371-1376.

[28]Gutell R R, Jansen R K. Genetic algorithm approaches for the phylogenetic analysis of large biological sequence datasets under the maximum likelihood criterion[J]. 2006.

[29]顾秀来，王春林，付诗禄．基于小波神经网络的货运量预测[J]．后勤工程学院学报，2013(06)：85-90.

[30]郭炳岐．基于 Kriging 方法的 GPS 高程模型及其应用研究[D]．西安科技大学，2008.

[31]虢柱，聂春龙．基于 AHP 分析的二级模糊综合评价模型及在边坡风险易损性评价中的应用[J]．铁道科学与工程学报，2012(05)：50-53.

[32]龚士良．台湾地面沉降现状与防治对策[J]．中国地质灾害与防治学报，2003(03)：27-34.

[33]侯艳声，郑铣鑫，应玉飞．中国沿海地区可持续发展战略与地面沉降系统防治[J]．中国地质灾害与防治学报，2000(02)：33-36.

[34]Herrera G, Fernández-Merodo J A, Mulas J, et al. A landslide forecasting model using

ground based SAR data: The Portalet case study[J]. Engineering geology, 2009, 105(3): 220-230.

[35]何敏,何秀凤.利用时间序列干涉图叠加法监测江苏盐城地区地面沉降[J].武汉大学学报(信息科学版),2011(12):1461-1465.

[36]胡硕.基于灰色模型的高速公路路基沉降预测[J].公路与汽运,2013(01):115-117.

[37]侯晓亮,赵晓豹,李晓昭.南京河西地区软土次固结特性试验研究[J].地下空间与工程学报,2009(05):888-892.

[38]侯长兵.区域地面沉降对桥梁桩基的影响研究[D].西南交通大学,2011.

[39]何立明.桩—土—承台非线性共同作用模型试验与数值分析[D].南京工业大学,2004.

[40]何敏,何秀凤.合成孔径雷达干涉测量技术及其在形变灾害监测中的应用[J].水电自动化与大坝监测,2005(02).

[41]黄其欢,张理想.基于GB雷达技术的微变形监测系统及其在大坝变形监测中的应用[J].水利水电科技进展,2011(03).

[42]何宁,齐跃,何斌,汪璋淳.地表微变形远程监测雷达在大坝监测中的应用[J].中国水利,2009(08).

[43]黄亚东,张土乔,俞亭超等.公路软基沉降预测的支持向量机模型[J].岩土力学,2005(12):1987-1990.

[44]黄润秋,向喜琼,巨能攀.我国区域地质灾害评价的现状及问题[J].地质通报,2004(11):1078-1082.

[45]胡蓓蓓,姜衍祥,周俊,王军,许世远,陈振楼.天津市区及近郊区地面沉降灾害风险评估与区划[J].中国人口·资源与环境,2008(04):28-34.

[46]胡蓓蓓,姜衍祥,周俊,王军,许世远.天津市滨海地区地面沉降灾害风险评估与区划[J].地理科学,2008(05):693-697.

[47]何庆成,叶晓滨,李志明,刘文波.我国地面沉降现状及防治战略设想[J].高校地质学报,2006(02):161-168.

[48]金江军,潘懋.我国地面沉降灾害现状与防灾减灾对策[J].灾害学,2007(01):117-120.

[49]Janssen V, Ge L, Rizos C. Tropospheric corrections to SAR interferometry from GPS observations[J]. GPS Solutions. 2004, 8(3): 140-151.

[50]靳世鹤.南京长江隧道河漫滩地质条件下深大基坑降水方案设计[A].上海市土木工程学会、上海隧道工程股份有限公司.地下工程施工与风险防范技术——2007年第三届上海国际隧道工程研讨会文集[C].上海市土木工程学会、上海隧道工程股份有限公司,2007:6.

[51]介玉新,高燕,李广信等.城市建设中大面积荷载作用的影响深度探讨[J].工业建筑,2007,37(6):57-62.

[52]纪永,李广超.基于LS-SVM的机载天线伺服机构自适应控制[J].电子设计工程,

2012(19)：91-93.

[53] 姜涛．基于改进小波神经网络的滚动轴承故障诊断[D]．华中农业大学，2013．

[54] 季小兵，王志坚，魏光辉．加权马尔可夫链在开都河径流预测中的应用[J]．人民黄河，2009(04)：41-42．

[55] 姜媛，贾三满，王海刚．北京地面沉降风险评价与管理[J]．中国地质灾害与防治学报，2012(01)：55-60．

[56] 金江军，潘懋．我国地面沉降灾害现状与防灾减灾对策[J]．灾害学，2007(01)：117-120．

[57] Kedar S, Hajj G A, Wilson B D, et al. The effect of the second order GPS ionospheric correction on receiver positions[J]. Geophysical Research Letters. 2003, 30(16).

[58] Kuo Y, Liu C, Lin K. Evaluation of the ability of an artificial neural network model to assess the variation of groundwater quality in an area of blackfoot disease in Taiwan[J]. Water research. 2004, 38(1): 148-158.

[59] Kavzoglu T, Saka M H. Modelling local GPS/levelling geoid undulations using artificial neural networks[J]. Journal of Geodesy. 2005, 78(9): 520-527.

[60] Lucchese L. Geometric calibration of digital cameras through multi-view rectification[J]. Image and Vision Computing. 2005, 23(5): 517-539.

[61] 林昊，范景辉，洪友堂等．单频静态 GPS 在滑坡监测中的高程精度分析[J]．国土资源遥感，2014(02)：74-79．

[62] Liu Z. A new automated cycle slip detection and repair method for a single dual-frequency GPS receiver[J]. Journal of Geodesy. 2011, 85(3): 171-183.

[63] Luzi G, Pieraccini M, Mecatti D, et al. Monitoring of an Alpine glacier by means of Ground-Based SAR interferometry[J]. Geoscience and Remote Sensing Letters, IEEE, 2007, 4(3): 495-499.

[64] 刘鹏．考虑渗流作用的海堤稳定性分析[J]．价值工程，2010(33)：274．

[65] Larson K J, Başağaoğlu H, Marino M A. Prediction of optimal safe ground water yield and land subsidence in the Los Banos-Kettleman City area, California, using a calibrated numerical simulation model[J]. Journal of hydrology, 2001, 242(1): 79-102.

[66] 刘国仕，何亮云，薛建华等．灰色线性回归组合模型在沉降监测中的应用[J]．长沙理工大学学报(自然科学版)，2012(04)：32-36．

[67] 兰孝奇，杨永平，黄庆等．建筑物沉降的时间序列分析与预报[J]．河海大学学报(自然科学版)，2006(04)：426-429．

[68] 罗国煜，李晓昭，张春华．南京地质环境的基本特征和几个主要环境岩土工程问题[J]．高校地质学报，1998，4(2)：189-197．

[69] 刘寒鹏．天津滨海新区高层建筑荷载作用下地面沉降研究[D]．长安大学，2010．

[70] 李宁．西安地面沉降形成机理及数值模拟研究[D]．长安大学，2010．

[71] 刘琼琼．西安高新区工程性地面沉降机理数值分析[D]．长安大学，2011．

[72]刘清文,车灿辉.长江漫滩复杂地层条件下超大超深基坑降水设计[J].探矿工程(岩土钻掘工程),2013(05):54-59.

[73]雷宏武.××城地面沉降特征与机理分析及数值模拟研究[D].中国地质大学,2010.

[74]凌晴,张勤,瞿伟等.基于有限元模型的地面建筑对城市地面沉降的影响分析[J].大地测量与地球动力学,2012,32(3):64-67.

[75]廖明生,林晖.雷达干涉测量——原理与信号处理基础[M].北京:测绘出版社,2003.

[76]李海云,谢春琦.支持向量机在路基沉降预测中的应用[J].中外公路,2004(04):9-12.

[77]刘威.基于支持向量机的城市空气质量时间序列预测模型探究[J].电子测试,2013(20):44-46.

[78]栗然,柯拥勤,张孝乾,唐凡.基于时序-支持向量机的风电场发电功率预测[J].中国电力,2012(01):64-68.

[79]李明,高星伟,文汉江等.Kriging 方法在 GPS 水准中的应用[J].测绘科学,2009,39(1):106-107.

[80]刘承香,阮双琛.基于 Kriging 插值的数字地图生成算法研究[J].深圳大学学报(理工版),2004,21(4):295-299.

[81]李晓军,王长虹,朱合华.Kriging 插值方法在底层模型生成中的应用[J].岩土力学,2009,30(1):157-162.

[82]李君,李少华,毛平等.Kriging 插值中条件数据点个数的选择[J].计算机工程与应用,2002(21):1-3.

[83]刘会平,王艳丽.广州市地面沉降危险性评价[J].海洋地质动态,2006(01):1-4+43.

[84]李绍飞,余萍,孙书洪等.区域洪灾易损性评价与区划的熵权模糊物元模型[J].自然灾害学报,2010(06):124-131.

[85]陆尚和.铁路轨道施工及验收规范(TB10302—96)简介[J].铁道标准设计,1997(10):21-22.

[86]李有坤.滨州市地面沉降现状及防治对策[J].科技信息,2012(23):35.

[87]刘勇.黄河三角洲地区地面沉降时空演化特征及机理研究[D].中国科学院研究生院(海洋研究所),2013.

[88]孟祥磊.基于 GIS 的地面沉降预测研究[D].天津大学,2007.

[89]秘桐.时间序列模型在建筑物沉降数据分析中的应用研究[D].北京建筑大学,2013.

[90]马保卿.洛阳市地面沉降机理及灰色预测分析研究[D].西安建筑科技大学,2008.

[91]孟华君.城市大面积荷载与地面沉降分析[D].长安大学,2011.

[92]莫健.地质灾害危险性评价研究综述[J].西部探矿工程,2005(10):220-223.

[93]Noferini L, Pieraccini M, Mecatti D, et al. Using GB-SAR technique to monitor slow moving landslide[J]. Engineering Geology. 2007, 95(3):88-98.

[94] 彭令，牛瑞卿，吴婷. 时间序列分析与支持向量机的滑坡位移预测[J]. 浙江大学学报(工学版)，2013(09)：1672-1679.

[95] 潘凤英. 新世纪以来长江南京河段的河床变迁. 南京师范大学学报(自然科学版)，1990，3(4)：81-88.

[96] 彭楠峰. 距离反比插值算法与 Kriging 插值算法的比较[J]. 大众科技，2008(05)：57-58.

[97] 邱志伟，张路，廖明生. 一种顾及相干性的星载干涉 SAR 成像算法[J]. 武汉大学学报(信息科学版)，2010(9)：1065-1068.

[98] 瞿鸿模，赵永久. 城市地面沉降的危害与控制[J]. 地球，1994(05)：9-10.

[99] Rödelsperger S. Real-time Processing of Ground Based Synthetic Aperture Radar (GB-SAR) Measurements[M]. Technische Universität Darmstadt, Fachbereich Bauingenieurwesen und Geodäsie, 2011.

[100] Shahin H M, Nakai T, Hinokio M, et al. Influence of surface loads and construction sequence on ground response due to tunnelling[J]. Soils and foundations, 2004, 44(2)：71-84.

[101] 石尚群，潘凤英，缪本正. 南京市古河道及其与城市建设的关系. 江苏地质，1990(1)：31-35.

[102] 石尚群，潘凤英，缪本正. 南京市区古河道初步研究. 南京师范大学学报(自然科学版)，1990，13(3)：74-78.

[103] 孙恒，董杰. IBIS 遥测系统在桥梁变形监测中的应用研究[J]. 工程勘察，2013(08).

[104] SL286—2003，地下水超采区评价导则[S]. 3-6.

[105] Takahashi K, Matsumoto M, Sato M. Continuous observation of natural-disaster-affected areas using ground-based SAR interferometry[J]. 2013.

[106] 谭成栋. 上海地面沉降的数值模拟[D]. 同济大学，2008.

[107] 田苗. 长江漫滩沉积特征与地震效应的工程研究[J]. 中国煤田地质，2006(02)：49-51.

[108] 唐益群，宋寿鹏，陈斌等. 不同建筑容积率下密集建筑群区地面沉降规律研究[J]. Chinese Journal of Rock Mechanics and Engineering, 2010.

[109] 唐益群，严学新，王建秀等. 高层建筑群对地面沉降影响的模型试验研究[J]. 同济大学学报(自然科学版)，2007，35(3)：320-325.

[110] TARCH ID, LEVA D, SIEBER A J. SAR Interferometric Techniques from Ground Based System for the Monitoring of Landslides [C]. M Geoscience and Remote Sensing Symposium. Hawaii IEEE GRS Society, 2000：2756-2758.

[111] 汤俊，邹自力，张晓平. 利用经验模态分解和 LSSVM 预测隧道不均匀沉降[J]. 测绘科学，2011(03)：29-31.

[112] 田其煌. 小波神经网络在软基沉降组合预测中的应用[J]. 工程勘察，2008(05)：

166

27-31.

[113] 唐玲, 刘怡君. 自然灾害社会易损性评价指标体系与空间格局分析[J]. 电子科技大学学报(社科版), 2012(03): 49-53.

[114] 唐娴. 路基沉降机理与超限沉降标准的研究[D]. 长安大学, 2003.

[115] 王伟. 抽取地下水引起的地面沉降可视化研究[D]. 河海大学, 2006.

[116] 王彬. 砂性土路堤内部含水率变化规律室内试验研究[D]. 长沙理工大学, 2010.

[117] 王元柱, 梁城. 隧道监控量测数据的回归分析[J]. 土工基础, 2013(05): 70-72.

[118] 王兴汉. 水位变化对高层建筑群诱发的地面沉降影响试验研究[J]. 中国西部科技, 2012, 11(10): 51-53.

[119] 王辉赞, 张韧, 刘巍等. 支持向量机优化的克里金插值算法及其海洋资料对比试验[J]. 大气科学学报, 2011(05): 567-573.

[120] 王艳萍, 卓弘春. 我国地面沉降危害及综合防治对策研究[J]. 西部资源, 2008(05): 27-29.

[121] 王寒梅. 上海市地面沉降风险评价体系及风险管理研究[D]. 上海大学, 2013.

[122] 王军, 杜荣忠. 城市地面沉降的原因与控制研究[J]. 城市管理与科技, 2005(03): 133-134.

[123] 徐卫东, 伍锡锈, 欧海平. 基于时间序列分析和灰色理论的建筑物沉降预测模型研究[J]. 测绘地理信息, 2012(06): 23-25.

[124] 夏佳, 陈新民, 严三保等. 现代河漫滩软土固结与压缩微结构探析[J]. 岩土工程学报, 1997, 19(5): 67-73.

[125] 肖裕生, 施春华. 南京地区第四系主要地层类型及分层探讨[J]. 南通大学学报(自然科学版), 2008, 7(2): 60-65.

[126] 薛必芳. 南京河西地区软弱土的工程特性及危害[J]. 山西建筑, 2008, 33(35): 102-104.

[127] 徐奋强, 曹云. 南京河西粉质黏土物理力学指标统计分析[J]. 水文地质工程地质, 2012(01): 65-67+88.

[128] 徐红梅, 杨河祥. 南京河西软土的工程特性和地基处理措施[J]. 山西建筑, 2007(30): 127-128.

[129] 徐安英, 陈伟, 葛生联等. 基于小波神经网络的军用物资消耗量预测模型[J]. 物流技术, 2014(01): 368-370.

[130] 薛文志, 管泉, 史兹国. 生命旋回——权马尔可夫链模型在径流预测中的应用[J]. 水利科技与经济, 2011(06): 1-4.

[131] 叶栋成. 安徽省阜阳市地面沉降模拟[D]. 合肥工业大学, 2008.

[132] 杨柳. 基于非量测数码相机的摄影经纬仪的方案论证[D]. 西安科技大学, 2006.

[133] Ye X, Kaufmann H, Guo X F. Landslide monitoring in the Three Gorges area using D-In-SAR and corner reflectors[J]. Photogrammetric Engineering and Remote Sensing. 2004, 70(10): 1167-1172.

[134]岳建平，方露，黎昵．变形监测理论与技术研究进展[J]．测绘通报，2008（7）．

[135]岳建平，方露．城市地面沉降监控技术研究进展[J]．测绘通报，2008（3）：1-4.

[136]岳建平，甄宗坤．基于粒子群算法的 Kriging 插值在区域地面沉降中的应用[J]．测绘通报，2012（3）：59-62.

[137]袁明月，周吕，文鸿雁等．灰色系统与时间序列在高铁沉降变形中的应用[J]．地理空间信息，2013（04）：131-133.

[138]杨枭．群桩基础在荷载作用下的力学问题与沉降理论分析[D]．重庆交通大学，2012.

[139]杨少华．城市建设引起地面沉降数值模拟研究[D]．中国地质大学(北京)，2009.

[140]杨文拓．小波神经网络在建筑物地基沉降预测中的应用研究[D]．辽宁工程技术大学，2011.

[141]岳荣花．小波神经网络在沉降预测中的应用研究[D]．河海大学，2007.

[142]姚亦锋．长江下游变迁与南京古城景观的形成．风景园林，2005（4）：67-72.

[143]于军，束龙仓，温忠辉等．锡西—澄南典型地面沉降区地面沉降风险评价[J]．地质学刊，2012（01）：74-79.

[144]姚晶娟，束龙仓，朱兴贤等．基于 GIS 的地面沉降易损性评价[J]．工程勘察，2011（06）：36-41.

[145]于军，武健强，王晓梅，苏小四．地面沉降风险评价初探[J]．高校地质学报，2008（03）：450-454.

[146]于军，武健强．苏锡常地区地面沉降风险评价管理模型研究初探[J]．江苏地质，2008（02）：113-117.

[147]殷跃平，张作辰，张开军．我国地面沉降现状及防治对策研究[J]．中国地质灾害与防治学报，2005（02）：1-8.

[148]郑铣鑫，武强，侯艳声等．关于城市地面沉降研究的几个前沿问题[J]．地球学报，2002（03）：279-282.

[149]周复旦，赵长胜，高卫东．BP 神经网络模型在采水地面沉降中的应用研究[J]．测绘科学，2011（06）：233-234.

[150]周健华．南京河西地区基坑施工对周边环境的影响及防治措施[D]．南京大学，2012.

[151]朱春明．南京河西地区软土成因及工程性质评价[J]．山西建筑，2009，35（30）：94-96.

[152]赵慧．地面沉降的人为主控因素研究[D]．长安大学，2005.

[153]张小威．超长群桩沉降计算分析及模型试验研究[D]．湖南大学，2012.

[154]张爱军，路亮．最小二乘支持向量机模型在大坝监测中的应用[J]．人民黄河，2013（11）：99-100.

[155]张建兴，马孝义，赵文举等．生命旋回-Markov 组合模型在年径流预报中的应用[J]．水力发电学报，2008（06）：32-36.

[156]张建兴，马孝义，屈金娜等．生命旋回-Markov 链耦合模型在作物需水量预测中的应用[J]．灌溉排水学报，2008(04)：99-101.

[157]周丽萍，王文科，马蓉擘．熵权决策法在地震灾害风险评价中的应用[J]．地震工程与工程振动，2010(01)：93-97.

[158]曾蓉，李俊业，王宝亮．基于熵权的模糊综合评价法在公路洪灾风险评价中的应用[J]．地质灾害与环境保护，2010(03)：83-87.

[159]张建石．基于 GIS 的汶川县城镇泥石流风险性评价研究[D]．成都理工大学，2012.

[160]张永军，侯云龙，刘武．层次分析法和 GIS 空间分析法在兰州市区地质灾害易发性评价中的应用[J]．甘肃地质，2009(04)：84-88.

[161]赵庆香，黄岁梁，杜晓燕．天津市地面沉降风险分析研究[J]．中国公共安全(学术版)，2007(03)：48-53.

[162]邹冬儿，陈阿林，文海家．基于 ArcGIS 奉节新城区地质灾害易损性评价[J]．科技信息，2012(04)：141-143.

[163]周虎鑫，陈荣生．高等级公路工后不均匀沉降指标研究[J]．东南大学学报，1996(01)：54-56.

[164]张云霞．天津市滨海新区地面沉降防治对策研究[D]．天津大学，2004.

[165]张本平．基于 GIS 的西安市地面沉降与地下水动态分析与研究[D]．长安大学，2003.

[166]张曦．城市化进程对地下水系统的影响——以成都市区为例．成都理工大学 硕士学位论文.